国际时尚设计丛书·服装

美国时装画技法：从入门到进阶

〔美〕詹妮弗·莉莉娅　著

张一帆　译

中国纺织出版社

内 容 提 要

本书详细地讲解了时装画设计表现的重要知识点和手绘技法。作者在各章节中分别介绍了绘画工具、要领及技巧，模特的姿态平衡，模特姿态的刻画，模特动态与夸张表现，线条特性，面部画法，织物及配件以及样图展示等。书中的重点时装画案例不仅仅包含了基本的绘制步骤，更设置了失败案例与之形成鲜明对比，从而帮助初学者更好地了解时装画绘画的技巧与方法。

本书适合作为服装专业院校师生学习时装画技法的教学参考书，也可作为广大时装画爱好者以及服装设计相关从业人员的培训教程。

原文书名：Fashion Illustration Art

原作者名：Jennifer Lilya

Copyright © 2014 by Jennifer Lilya.

All rights reserved. No part of this book may be reproduced in any form or by any electronic or mechanical means including information storage and retrieval systems without permission in writing from the publisher, except by a reviewer who may quote brief passages in a review.

本书中文简体版经 North Light Books 授权，由中国纺织出版社独家出版发行。本书内容未经出版者书面许可，不得以任何方式或任何手段复制、转载和刊登。

著作权合同登记号：图字：01-2015-3897

图书在版编目（CIP）数据

美国时装画技法：从入门到进阶 /（美）詹妮弗·莉莉娅著；张一帆译. -- 北京：中国纺织出版社，2018.1

（国际时尚设计丛书. 服装）

书名原文：Fashion Illustration Art

ISBN 978-7-5180-3855-8

Ⅰ. ①美⋯　Ⅱ. ①詹⋯ ②张⋯　Ⅲ. ①时装—绘画技法　Ⅳ. ①TS941.28

中国版本图书馆 CIP 数据核字（2017）第 171193 号

策划编辑：孙成成　　　责任编辑：孙成成
责任校对：王花妮　　　责任印制：王艳丽

中国纺织出版社出版发行
地址：北京市朝阳区百子湾东里 A407 号楼　邮政编码：100124
销售电话：010—67004422　传真：010—87155801
http://www.c-textilep.com
E-mail：faxing@c-textilep.com
中国纺织出版社天猫旗舰店
官方微博 http://weibo.com/2119887771
北京市雅迪彩色印刷有限公司印刷　各地新华书店经销
2018 年 1 月第 1 版第 1 次印刷
开本：889×1194　1/16　印张：8
字数：88 千字　定价：58.00 元

凡购本书，如有缺页、倒页、脱页，由本社图书营销中心调换

目录

第一章
工具、要领及技巧

第二章
模特的姿态平衡

第三章
模特姿态的刻画

第四章
模特动态与夸张表现

工具准备

纸
水粉纸

颜料
不同的丙烯颜料，包括钛白、镉橙（画轮廓线）、
二氧化紫（画阴影）、金属闪光漆、黑墨水

画笔
多种型号的画笔

其他工具
小调色板、大调色板、水壶、喷雾瓶、纸巾

前言

我喜欢画精美的时装画！惊艳的时装画，听起来很简单，但是我的世界里所有的欢乐都汇集于此。我喜欢拿着颜料和画笔沉浸在色彩、轮廓还有美丽的人物中！

在意识到时装画是一项事业之前，我已经深深地爱上了"她"，经常在传统时装画华丽的笔触和迷人的色彩之间流连忘返。二十世纪七八十年代的杂志广告中那些精致的时装画作品是我的挚爱。我花了许多的时间来临摹、练习那些我认为精美绝伦的画作。在时装画的殿堂里，我永远是一个孩童，但是将这些稚嫩的涂鸦变成我终生事业的梦想终于实现了！

安东尼奥·洛佩斯、勒内·格鲁瓦、卡尔·埃里克森、托尼·薇拉蒙特斯等数不尽的时装画大师，他们不仅为儿时的我打开了时装画之门，还一直激励我走到现在。一想到自己在这样一个精彩纷呈的时装画的世界里能有一席之地，那种喜悦是之前无法想象的。如果十岁的我能够预见，长大成年后，每天都会画自己喜欢的芭比娃娃，那时一定会幸福得疯掉。

我每天都在画那些丰富多彩的世界里的人，他们有些时候是真实的，而有些时候是梦幻的，但所有的这一切都令人心生向往。许多朋友都建议我应该写一本书，但是我一直觉得自己没有那么多时间来完成这样一部个人作品。当我接到出版社的电话后，我觉得我必须要迈出这一步了，放手去做！

我必须承认，对我而言从许多客户的项目中挤出时间来投入到这本书的编撰中是一个不小的挑战，很多时候为了抓住转瞬即逝的灵感，我会一直工作到凌晨三点，并且努力去用形象、生动的词汇来确切地表达我的意思。我的目的是把自己在时装画中使用的方法变成对读者有用的指导，让他们觉得有趣、兴奋并受到鼓励以至于整天都能沉浸在创作中而乐此不疲。希望这个简单的愿望能够通过这本书来实现。

这本书里的内容包含了我从开始创作到完成一个莉莉娅女孩儿的全过程，并且将这个过程按照每天的计划来进行分解。我们将要从作画所需的工具、底色、肤色、姿态分解以及动作的平衡开始。在此之后，为了让读者掌握时装画中最为重要的动态造型，我将从姿态的刻画、线条的表现力以及不同的笔触等几个方面来进行讲解。最后一部分中，我将讲解如何通过细节刻画以及最终的渲染来完成一幅完美的时装画。

我衷心地希望，所有的读者在使用本书的时候都能够体会到创作时的快乐。认真地对待你所喜爱的艺术事业，与此同时也要记得享受时装画原有的轻松、甜蜜、美丽、有趣与兴奋。这样的想法能够让你所画的人物形象完美地呈现出来！

詹妮弗·莉莉娅

仔细阅读

粉色的狂欢

第一章

工具、要领及技巧

蓝色的静谧

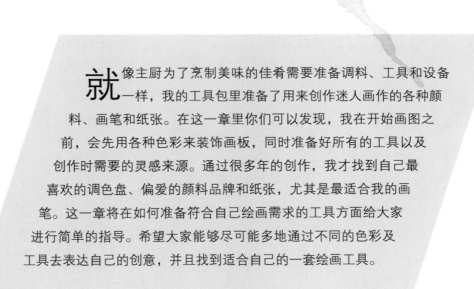

就像主厨为了烹制美味的佳肴需要准备调料、工具和设备一样，我的工具包里准备了用来创作迷人画作的各种颜料、画笔和纸张。在这一章里你们可以发现，我在开始画图之前，会先用各种色彩来装饰画板，同时准备好所有的工具以及创作时需要的灵感来源。通过很多年的创作，我才找到自己最喜欢的调色盘、偏爱的颜料品牌和纸张，尤其是最适合我的画笔。这一章将在如何准备符合自己绘画需求的工具方面给大家进行简单的指导。希望大家能够尽可能多地通过不同的色彩及工具去表达自己的创意，并且找到适合自己的一套绘画工具。

绘画工具

画笔及画笔的清理

画笔有很多不同的型号以及不同的笔头形状。我比较偏爱经济、实惠的温莎牛顿大学系列。合成毛刷头比较硬挺，能够适应比重较大的颜料，并且能在纸上很好地体现水彩的效果。

我比较喜欢圆形的笔头形状。圆形笔头能够完美地刻画时装画所需要的任何部分，无论是绘画优雅、纤细的眼睫毛还是填充大面积的背景色。

没有必要去购买昂贵的画笔清洁剂，日常洗浴使用的柔性沐浴露就足够了。每周清洗一次画笔即可，须将笔头底部堆积的颜料和墨水清理干净。将有沐浴露的温水放在手掌里，然后把笔刷放在手心里旋转，直到所有变干的颜料都被清洗掉。最后，再用清水仔细地冲洗一遍画笔，并在笔刷变干之前用手指把笔头捏成尖尖的形状。

丙烯颜料

许多人都以为我在使用水彩进行创作，当他们知道我所有的作品都是用丙烯颜料和黑色墨水完成时，他们会感到十分惊讶。我喜欢水彩在纸上留下的效果，不喜欢水彩在完成之后还能被涂抹，笔迹宜干脆、利落。颜料一旦变干，就不再吸水，因此就不会被改变。颜料的这种特性使得我能够一层一层地进行涂色，不需要担心每层颜色相互混杂，也不怕因为太多的颜料混合而把纸弄破。当用过丙烯颜料之后，你会发现能够在深纹理的表面留下一段轻盈的笔迹。我更倾向于使用丙烯颜料来达到水彩的效果。

我的画笔

这些是不同型号的画笔。你肯定很奇怪为什么我工作室照片里的笔比这些要多。因为我会准备很多不同型号的笔，一些是画浅色时用的，有一些是画深色和蘸墨水时用的。这样画画时可以不需要清洗画笔，浅色颜料保持鲜亮，同时也可以节省很多的时间以及减少画笔的浪费。

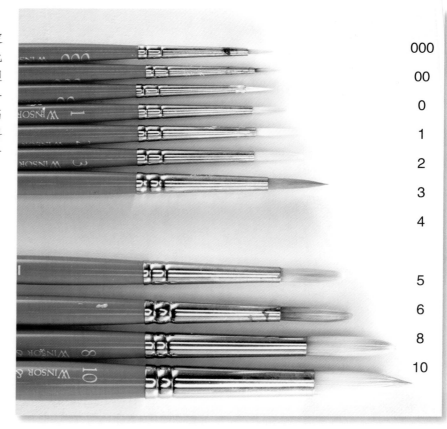

000
00
0
1
2
3
4
5
6
8
10

使时装画产生一种轻盈且富于变化的色彩感觉。

拒水绘画油墨

我喜欢用油墨来绘制时装画，尤其是在美国时装学院时。在当时的人体素描课上，我用过很多不同颜色的墨水，而且这些经历也一直影响着我。黑色的墨水比黑色颜料的颜色更深且更鲜明，在纸上的表现力也更为强烈。黑色的液体优美地滑过笔尖，在白纸上形成了清晰的线条，完美地展现了时装画的细节。这样的黑色墨水在稀释后会变成淡淡的灰色，很适合用来勾画模特的姿态。当使用过油墨之后，你会发现它的用法十分广泛。

完美的调色盘

在找到最适合的调色盘之前，我通常会用平底托盘来调色。因为平底托盘内没有分割，所以许多颜色会混合在一起，每次画完之后剩下的颜料就会浪费掉。我现在使用的是一个大的瓷质调色盘和一个比较小的十格调色盘。大调色盘能够将绘制过程中使用的所有颜色用不同的格子分开。另外，可以将装有墨水的小调色盘放在上面，将墨水与丙烯颜料分开。如果将调色盘合上，那么里面的丙烯颜料可以在清洗之前保存两周的时间。这个功能能够节省许多钱，从而使一管颜料可以用几年而不止是几个月。由此看来，用最开始的调色盘投入来换得颜料的节约是很值得的。

为了节约黑色的墨水，可以先准备一个滴瓶来收集用剩下的墨水，以后用的话还可以用它把黑色墨水挤在新的调色盘里。从长远的角度来看，点滴的节约也能带来可观的收益。

画纸

对于画纸的选择有很多种，但是我唯独喜爱"石轩"画纸。经过光滑处理的纸张，不会很快地吸收颜料。画纸的这一特性很好地限制

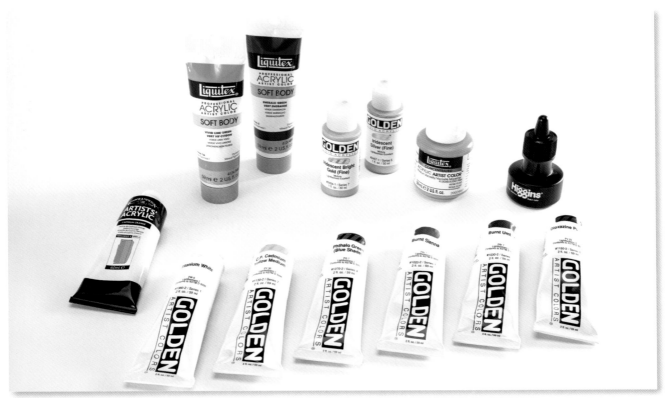

丙烯颜料和墨水

了颜料的渗透，在表面形成的纹路又能将墨水的质感凸显出来。作为设计师，可以多多尝试不同的表面和克重的画纸。例如，可以选择热压纸顺滑的感觉或表面纹路清晰的冷压纸，当然还有很多不同的选择。

选择合适的纸张大小也是很重要的，纸张太大会为创作带来压力，而太小的纸张会限制线条的流畅性，也会一定程度上阻碍绘画风格的表达。大小在 28cm×36cm ~ 28cm×43cm 的纸张适合初学者，并且如果需要小一点，也可以很方便地将其一分为二。

水壶和喷雾瓶

你需要准备一个用来盛清水的水壶。一个用过的罐头瓶就是不错的选择。当然了，只要是广口的瓶子都是可以的。我通常会准备 4~6 个这样的水壶放在调色盘的后面，这样就不需要一直频繁地去厨房换水，可以避免打断线条的流畅以及创作时的最佳状态。我的使用习惯是浅色、黑色、金属色以及作为底色的橙色都有特定的水壶。这样的安排能很好地节约时间，并且创作时也会很整洁，一切井井有条。

准备一个装满清水的喷雾瓶，可以保持画作的湿润并且能够很快地冲洗调色盘。

纸巾

你还需要准备一些纸巾，可以用来擦干画笔和清洁调色盘。如果要使用整张画纸，那么还需要在握笔的手下面垫一张纸巾，这样可以减少对画纸的污染，同时可以很好地保护画纸表面，避免因手上的油脂以及来回移动而损坏。

纸巾也可以循环使用。我会先用纸巾来清洁笔刷，然后再用来清洁调色盘。等这些用过的纸巾完全晾干后，我会把它们放在一个抽屉里，以备不时之需。

碎纸片

可以将从画纸上撕下来的碎纸片收集并加以利用。在我画桌右边的抽屉里，放满了可以用来作为试色纸的碎纸片。这样保证了试色的纸与用来作画的纸是一致的。我还会保留那些写错的纸，并用它的背面来试色，因为我用的纸正反面的质感是一样的，可以进行循环利用。

循环利用

尽量循环使用所有的物品。在我的画桌下面有两个垃圾箱，一个用来放真正的垃圾，而另一个用来放那些可以循环利用的纸：画纸、试色的碎纸片、便签、杂志推荐的活页、邮箱里的邮件等。我还会捐赠自己的画笔以及一些颜料给小朋友或者是学艺术的学生。这些东西对我来说可能已经不再适用了，但是对其他需要的人而言或许还很有用处，即便是用来练习也是很棒的。

创造一个良好的创作环境

良好的光线是关键。自然光线本身就很好，但是很多时候都是没有自然光的。我在工作室里准备了三盏台灯和两盏落地灯。舒服的光线有助于创作，能够让你很清楚地看清各种色彩，也可以减少眼睛的疲劳。即便有时候天气很好，我也是习惯于打开所有的灯。这样做是因为即使天黑了，光线效果还是保持不变的，同时也能保证作品色彩的连续性。

正确的创作姿势以及一个舒适的腰枕能够帮你应对工程量较大的连续创作和比较急的工作。即使没有背部的疾病，但是几个小时保持一个姿势也是很不健康的。工作一段时间后要做些伸展运动，如从桌前站起来走走，这样的休息不仅能放松身体，还能为你带来新的灵感。

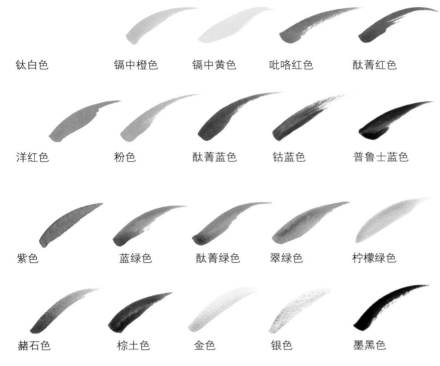

钛白色	镉中橙色	镉中黄色	吡咯红色	酞菁红色
洋红色	粉色	酞菁蓝色	钴蓝色	普鲁士蓝色
紫色	蓝绿色	酞菁绿色	翠绿色	柠檬绿色
赭石色	棕土色	金色	银色	墨黑色

日常的彩虹

这些色彩都是我日常创作时调色盘上的颜色。按照顺时针的方向排列在下面展示的调色盘里。我将金色、银色以及黑色的墨水与水混合后放在较小的调色盘内。建议读者按照习惯配置适合自己的调色盘及颜色。

我的调色盘

黑色墨水使用入门

黑色墨水是我使用的唯一的纯黑色。当画一个底色为黑色的时装时，可以加一点红色或者蓝色在里面，去营造一种充满活力的感觉。需要暖色调时可以添加红色，需要冷色调时则可添加蓝色，这样做对于平衡整个画面有很重要的意义。如果只是单纯地使用黑色而不添加其他颜色，就会很容易在画纸上塑造出一个死气沉沉的黑色的块面。

色彩理论

我想很多人一定都很熟悉最经典的色相环，最起码应该记得在小学艺术课上接触过。这是一种最基本的通过色相来排列颜色的工具。通过色相环能够很好地区分三原色、次生色、三次色。1666 年，牛顿第一次发现了色相环，直到今天还在被以不同的形式沿用着。我一直把色相环看作是一朵花，并且提倡大家在学习的过程中能发现事物美好的一面，从而找到乐趣。现在让我们将这"花瓣"分为三个主要的部分：三原色（红、黄、蓝）、次生色（绿色、紫色、橘色）、三次色（剩下的六种颜色）。

三原色

这三种颜色，不能够由别的颜色混合而得到，而别的所有的颜色均可以由这三种色彩混合而成。如果预算只能买很少的颜色，那么这三种颜色是必备的。

次生色

这些颜色是可以由三原色混合得到的。鲜艳而富有活力，经常会让人联想到春天。

三次色

在三原色和次生色之间的颜色就是三次色：橘黄色、橘红色、紫红色、蓝紫色、蓝绿色、黄绿色。这些可爱的颜色是由一种三原色和一种次生色组合而成的。

互补色

在色相环上位于完全相反位置的颜色是互补色。箭头的两端就是一对互补色。这些两两一对的颜色在视觉上有着鲜明的对比，也有互相加强的作用。互补色可以用来作为艺术品中吸引人们注意力的亮点。

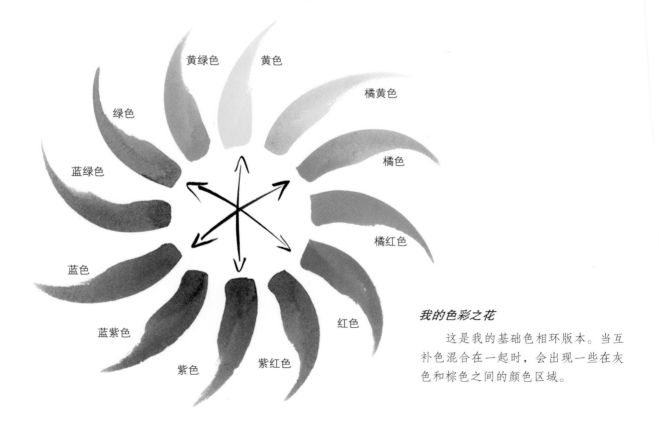

我的色彩之花

这是我的基础色相环版本。当互补色混合在一起时，会出现一些在灰色和棕色之间的颜色区域。

颜色的混合

既然已经学习了一些关于色彩的基本知识，那么接下来，我们要进一步学习如何在调色盘上将不同的颜色混合在一起。因为我们通常采用轻洗法（Light Washes）的画法，所以我将以此作为讲课的基本思路。可以通过调整颜料的厚度以及浓度来达到想要的色彩效果。

我习惯于选择8号笔来快速、均匀地调色，它能够很快地将不同的颜色分散开，同时将不同色彩在调色盘里进行混合。在调色时，你肯定希望看到颜色由浅到深的变化。例如，在用黄色和蓝色调绿色时，要从黄色开始，因为相对来说把浅色变深比把深色变浅要容易很多。

用清水把8号画笔浸湿，然后再用纸巾吸去多余的水分。用笔尖蘸一点黄色颜料，一点颜料可以画很长的一条。将笔尖上的颜料抹在一个空的调色盘里，形成一个光滑的色层，然后继续向调色盘中加水，直到达到自己想要的黏稠程度。

用清水冲洗画笔，然后蘸取蓝色的颜料。刚开始时蘸取的颜料要少一些，以少量、多次的添加方式为宜。将蓝色混进黄色中，要确保所有的颜色都混合均匀，并且调色盘中每处的颜色的稀稠度都一样。如果有需要，还可以再加一些水。之后，就可以在碎纸片上试一下了。看一下这是你想要的绿色吗，如果不是，那么就需要再次把画笔涮干净，然后继续向黄色中添加蓝色的颜料。可以不断地重复这样的动作，直到得到需要的绿色。当经过一段时间的训练之后，你对不同色彩的量就会有自己的把握，像与生俱来一样。

我最爱的色彩组合

每个人都会被不同的色彩组合所吸引。色彩的力量是巨大的，它能让人感到欢乐、冷静、悲伤、有力，能让人自省、疯狂以及引发其他的情感。一些我最喜欢的色彩能激励我，让我的作品变得生动而有趣。通过一些练习之后，你对三原色以及次生色的运用会更加熟练。尝试着去注意那些你喜欢的再生色。把这些内容当作公式来进行记忆，这种颜色加上那种颜色就可以得到另一种颜色。同时加入一些钛白色和黑色，你将会在自己的作品里，创造出自己喜欢的且带有个人特点的色彩。

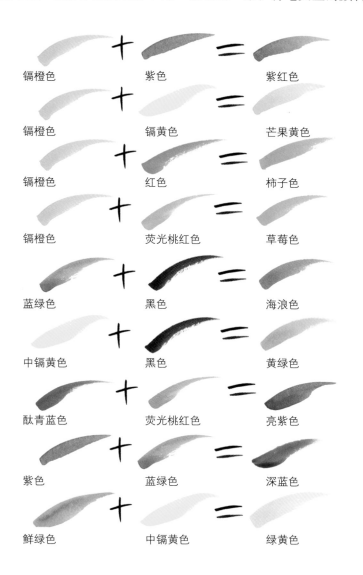

镉橙色 + 紫色 = 紫红色
镉橙色 + 镉黄色 = 芒果黄色
镉橙色 + 红色 = 柿子色
镉橙色 + 荧光桃红色 = 草莓色
蓝绿色 + 黑色 = 海浪色
中镉黄色 + 黑色 = 黄绿色
酞青蓝色 + 荧光桃红色 = 亮紫色
紫色 + 蓝绿色 = 深蓝色
鲜绿色 + 中镉黄色 = 绿黄色

眼睛、嘴唇与头发的配色

通过不断地练习，你对各种色彩的调配就会更加熟练，知道哪些会起作用，哪些不行。举个例子，加深黄色的方法是加入橘色或者棕色，而加入黑色会使得黄色变成黄绿色。尽管黄绿色是很不错的颜色，但是在调黄色时还是要注意这个问题。可以在碎纸片上记录清楚自己最适合的混色方法，以及需要避免的失败的配色方法。

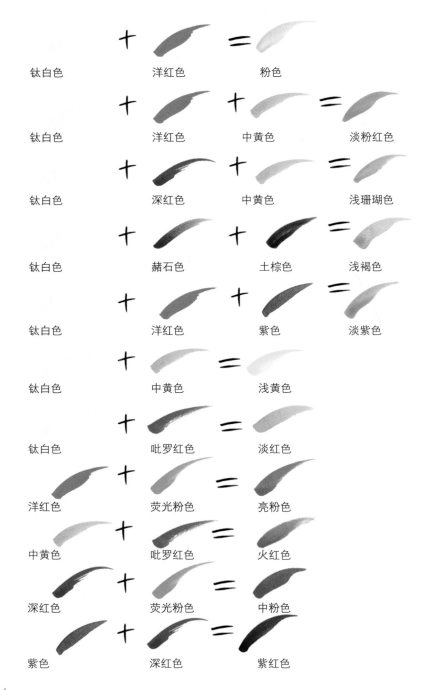

嘴唇色彩的搭配

快乐的女孩儿一定要有美丽的笑容。为了让笑容变得生动迷人，我们要选择清亮的粉色和红色再加入一点橘色和紫色来作为嘴唇的颜色。我画那些相对甜美、浪漫风格的模特时，更倾向于画明亮一点的嘴唇颜色。一般会先用白色加入一些彩色来作为嘴唇的底色，并以此来模仿口红的光泽感。为了营造一种亮闪闪的感觉，我会在光线自然落下的地方留一些白色的区域。然后，用涂嘴唇的颜料稀释一下，并将其覆盖在白色的颜料上。这样会有一种柔和的高光感，完美地呈现女性柔美的感觉。在这里，你就需要用到配色公式了，快来选择一款诱人的配色吧！

如果想画出更热情、有趣的面部，可以用亮红色和粉色加入少许的水，让色彩更为鲜明。这些颜色都富有生机能跃出纸面，让模特儿鲜活起来。在下嘴唇适当地留一些白色的位置，创造一些高光的感觉，可以给人一种闪闪的美感。

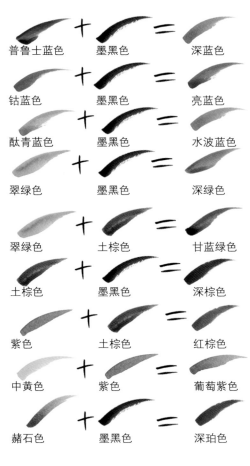

普鲁士蓝色 + 墨黑色 = 深蓝色
钴蓝色 + 墨黑色 = 亮蓝色
酞青蓝色 + 墨黑色 = 水波蓝色
翠绿色 + 墨黑色 = 深绿色
翠绿色 + 土棕色 = 甘蓝绿色
土棕色 + 墨黑色 = 深棕色
紫色 + 土棕色 = 红棕色
中黄色 + 紫色 = 葡萄紫色
赭石色 + 墨黑色 = 深珀色

眼睛色彩的搭配

这些色彩可以作为眼睛、眼影、眼线以及睫毛搭配的大致方向，也是可以作为日常妆以及晚妆的基本配色。所有的颜色都可以通过加入白色或者水来提亮，也可以通过加入黑色或者棕色来加深。

钛白色 + 中黄色 = 铂金色
钛白色 + 中黄色 ... 棕土色 = 蜜色
钛白色 + 中橙色 ... 赭石色 = 姜黄色
赭石色 + 吡罗红色 = 赤褐色
赭石色 + 棕土色 = 棕色
棕土色 + 墨黑色 = 深褐色
深红色 + 墨黑色 = 暖黑色
普鲁士蓝色 + 墨黑色 = 冷黑色

头发色彩的搭配

自然的头发颜色可以有很多，从最浅的白色或者银灰色到最深的棕色甚至黑色，以及彩虹有的所有颜色。在这里，我着重讲一下自然的发色组合。选择任何一种亮色，在里面加入一些荧光色作为调节，就可以得到时下较为流行的发色。

所有的这些色彩都可以通过加入一些水来达到透明的感觉，或者加入一些白色来减少阴影，但是却不透明。对于含有黄色的颜色，可以通过加入棕色或者紫色来达到加深的目的。值得注意的是，一定不要在有黄色的颜色里加入黑色，那样就会变成黄绿色，我想那也一定不是你想要的自然发色。

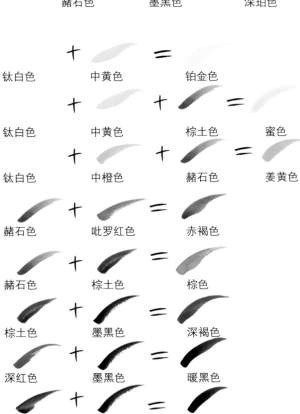

色滴效果

色滴是一种能够制造蜡染效果的技巧，也可以制造色彩扩散、被水浸润的效果以及远处模糊花朵的朦胧感。当绘制动物特有图案时，可按照一定的颜色组合描绘出像豹纹这样的动物花纹。

赭褐色和镉橙色

滴入黑色墨水

石灰绿色和蓝绿色

滴入洋红色

普鲁士蓝色与苯二甲蓝色

滴入镉黄色

跃动的春天

色滴训练（蓝色／黄色）

下面以普鲁士蓝色和苯二甲蓝色为例来讲解色滴的具体应用步骤。当然，你也可以尝试别的颜色来进行色滴训练。

1 制作一个色片

选一支比较大号的画笔，然后用水浸湿预先裁好形状的画纸。在画纸还处在潮湿状态时，滴入一些苯二甲蓝色颜料，并让它覆盖画纸的大部分区域。让颜料与画纸里的水充分混合，直到画纸边缘处的色彩也十分柔和。然后，上下翻动纸片来帮助颜料与水的混合。在画纸还未干时，滴入一滴普鲁士蓝色颜料，也可以按照自己的喜好多滴入几滴。最后，晾干画纸。

2 加入色滴

将画笔浸湿，然后在制作好的蓝色色片表面用黄色勾出轮廓。可以把黄色画在蓝色的范围内，也可以超出蓝色的区域。完成了上面的步骤之后，就可以开始往湿润的地方滴入黄色颜料了。之后你就能看到，黄色是如何形成了一个色彩相异的图层，但是又能沿着之前画好的轮廓。到这里，所有的步骤就完成了，不过也可以继续滴入不同的颜色，直到得到满意的效果。这样一个小小的、有趣的技巧，经常会带来意想不到的视觉效果和独特的面料纹理。

格子与毛皮

色滴法以及喷溅法都是很好的绘制独特纹路的方法，如格子或者毛皮。这样的纹路都很有特点，并且有动感，很适合用来画时装画。

简单的绘制纹路的笔刷技巧

轻刷颜色

实涂颜色

干刷颜色

1

色滴格子的底色

首先，在水里浸湿画笔。我通常会选择4号画笔，但是具体的画笔大小要根据将要创作的纸张的大小来确定。在纸上画出水平和竖直的线，确保铺满整张画纸。随意或者是精确地画出想要的图案都可以。我画的这幅就比较随意，这样的图案更适合于表现法兰绒衬衫或者是有弹力的裙子。在这些已经画好的线条上加入颜料（红色），颜色就会顺着画好的线形成交叉的格子图案。之后，需要等纸完全干透，才能涂下一层颜色。

2

色滴格子的强调色

接下来需要选择一个较小的刷子，将其浸湿在水中。在红色之间的空白画细一点的线条。为格子面料选一个强调色（如普鲁士蓝色）并将色滴滴在设计好的湿润的细线上。不需要持续地画，色滴法看起来是不是很简单啊？学会之后，你可以尽情尝试各种不同的色彩搭配。

1

喷底色

泼色的效果很像我们小时候画画儿时常做的，现在做起来也依然很有趣。选取一种喜欢的色彩（如蓝绿色）并把它调好，然后找一支旧的、中号的笔或者牙刷都可以。它们的刷头要够硬，弹性也要比较好，才能达到效果。将画纸放在桌子上，然后用画笔蘸一些颜料，并且用手指轻轻地拨动刷头，让画笔上的颜料可以喷溅到画纸上。蘸取的颜料越多，溅到纸上的颜料就越多，当然滴在纸上的可能性就会越大。较少的颜料可以制造更细的喷溅效果，覆盖的画纸面积也会比较小。

2

喷强调色

喷溅效果很快就能变干。因此，你需要抓紧时间准备下一个需要的颜色，并且重复上一次的动作，做很多遍即可。我选择了镉黄色和草绿色来搭配蓝绿色的喷色。这样的效果很适合来制作毛皮质感、金属亮片、花呢的纹路。如果选择了喷色效果作为一副时装画的绘画方式，你要确保作品的其他部分是被画纸或者纸巾完全盖住的，以确保色彩只喷到想要形成喷溅效果的区域。

绘制高光与阴影

高光和阴影的成功绘制与否，决定了整幅时装画的效果。从一个真实的雕塑到一幅时装画再到一个活灵活现的人物形象，如果没有把握好高光与阴影，那么其他完美的部分也会变得一塌糊涂。在起笔之前，要确定好所画物体受到光照的光源所在。只有知道了光从哪里来，才能知道阴影会落在哪里。如图所示的光源是来自面部的右侧，那么面部的左侧就会变成阴影。我通常会将光源设置在右侧，因为我一般会从右侧开始画，然后是左侧，这样可以避免把画纸上的颜料抹掉。

摄影师卡文顿拍摄

参考照片

这张照片是我在明亮的布鲁克林工作室。之所以选择这张来作为参考照片，是因为能很明显地看到从右边而来的光线，我左半边的面部是在阴影中的，这样的光源照射方式与通常画的时装画光影处理方式相同。这幅照片完美地抓住了工作室里柔和、明亮的光线特点。

1

画底色并用墨水起稿

用中号的画笔蘸取镉橙色作为底色。选取小号的画笔蘸取黑色墨水勾画细节起稿。要注意不同结构之间的空间关系，主要画好面部的五官、头发、上半身以及所处背景的形状。

2

颜料以及墨水上色

多涂几层颜色来表现皮肤的效果，并且要注意光源的位置。画纸本身的白色可以作为面部以及上半身高光的部分。画出眼睛以及嘴唇，并通过耳环来平衡姿势，最后再画上吊带衫。

用自己作为参考

对我来说，一个艺术家有时候必须把自己作为一个模特。如果在没有别的模特的时候，或者找不到正确的参考照片时，为自己选择一个需要的姿势并把自己放在相机后面是一个很有趣且能够解决实际问题的方法。我就曾无数次把自己的手摆放成不同的姿势，然后通过镜子拍摄自己需要的样子。

3

刻画细节

    多涂几层色以及黑色的墨水线迹，能够清晰地刻画出面部的特征以及画面的整体效果。所涂的颜色越深，与高光部位呈现的对比状态越强烈，画面也越有趣。这样的对比能够呈现出一种生动、鲜活的感觉，这也正是一幅让人着迷的时装画所需要的。

4

最终渲染

    最后要加一些紫色和蓝色的阴影与形状来作为背景。在两个眼睛之间加入一些阴影，左半部分面部覆盖有阴影，而右半部分的面部、发际线以及颈部有高光效果。背景就不需要像人物一样刻画细节了，因为人物是整幅作品光与影的焦点所在。

好光线与坏光线的对比

    通过画纸自身来营造一种高光效果是很好的。大家可以看到这幅画是有一些轻微的光感和阴影的，但是由于在眼睛、皮肤、嘴唇以及头发处缺少了高光，因此面部的五官看起来不够立体。值得注意的是，阴影也要有一些形状和面积。

    在最后一幅图中，很好地模仿了参考照片中光线的感觉。皮肤的明暗变化以及对比使得画面更加逼真。画纸上留白的部分很好地强调了发际线、鼻子、两只眼睛之间以及颈部下面的阴影部分。你可以发现，光线从右边传出，并且在面部的左边留下了阴影。当然，这幅画里也使用了一些的夸张手法，在后面的章节里，我们将做详细介绍。

肤色

奇妙的是：不需要太多的颜色，我们就能画出不同的肤色。将镉橙色、镉黄色、红色、深褐色、棕色以及紫色和黑色墨水进行不同的混合，就能画出任何一种自然光线下的皮肤。画出逼真皮肤的关键在于不要过度使用色彩。下笔要快，并且要准确，留出自然的高光区域，如果用画笔用力地划过画纸，将会使模特形象显得迟钝、呆板。你需要通过一层一层的上色来加深色彩，而非一开始就用很浓的色彩，这样一来如果需要改变色彩就会很麻烦。

给皮肤上色

充满活力的面部

就像前面展示的光线例子，这张有活力的面部是通过镉橙色并搭配一些紫色简单的几笔画出来的。高光处只有在白纸上薄薄的一层颜色，阴影的部分则通过几层不同的色彩组成。

疲惫的面部

即使这两幅画几乎是一样的，但是这幅图中的女孩比起上一幅则显得很疲倦，甚至还有些恼怒的感觉。原因正在于这幅画中的色彩占据了所有的白色区域，活泼的白色和阴影无法透过厚厚的颜料层，给人一种不立体的感觉。

全身皮肤的色调

全身的姿态强调美丽从皮肤开始。后面的章节中，我们将陆续学习不同肤色是怎样通过颜料调出来的。

浅色　　　　　　　　　　棕色　　　　　　　　　　深色

肤色的组合

镉橙色　　　　　　镉黄色　　　　　　紫色

白皙的面部

　　比较淡的色彩能够画出精美、白皙的皮肤。

镉橙色　　　　　　红色　　　　　　　紫色

有雀斑的面部

　　这组色彩可以画出浅橘红色的头发。一些散落的色点，则组成了可爱并且有趣的雀斑。

镉橙色　　　　　　紫色

浅肤色的面部

　　这组色彩能够画出美丽、可爱的金发美女。

镉橙色　　　　　深褐色　　　　　紫色

晒过的面部

这组色彩可以画出与阳光亲密接触过的迷人的古铜色皮肤。

深褐色　　　　　棕色　　　　　紫色

棕色的面部

这组色彩可以画出棕色的皮肤，营造深层次的美。

棕色　　　　　墨黑色　　　　　紫色

深色的面部

这组色彩可以画出华丽的深色皮肤。

绚丽的糖果色条纹

青蓝丽人

第二章

模特的姿态平衡

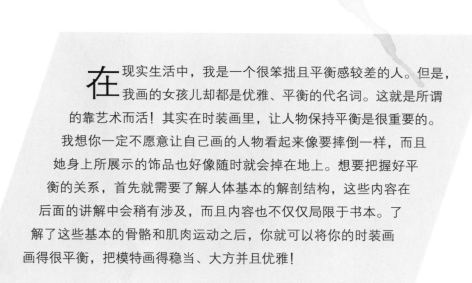

在现实生活中，我是一个很笨拙且平衡感较差的人。但是，我画的女孩儿却都是优雅、平衡的代名词。这就是所谓的靠艺术而活！其实在时装画里，让人物保持平衡是很重要的。我想你一定不愿意让自己画的人物看起来像要摔倒一样，而且她身上所展示的饰品也好像随时就会掉在地上。想要把握好平衡的关系，首先就需要了解人体基本的解剖结构，这些内容在后面的讲解中会稍有涉及，而且内容也不仅仅局限于书本。了解了这些基本的骨骼和肌肉运动之后，你就可以将你的时装画画得很平衡，把模特画得稳当、大方并且优雅！

解剖基础

解剖基础绝对不是一件简单的事情。人类的身体是最复杂的结构，有上百个活动的部分，可以形成不同的姿势、不同的感觉，是一个由生理和心理协同组成的庞大组织。建议大家可以亲自参加一些课程去体会人体的动态结构，写生课就是一个不错的选择。这样的课程能够教你学习人体各部分的比例关系以及动态平衡。你练习得越多，了解得就会越透彻，那么画出的时装画效果也会更好。

面部的解剖结构

先来研究一下基本的面部结构，眼睛、鼻子、嘴、耳朵、头和颈部。通常，我会先用镉橙色轻轻地打一个框架来安排所有的部分大概的位置。接下来，画出一个鸡蛋形或者说是椭圆形来作为头部的整体形状。眼睛大概位于椭圆形的一半处，两只眼睛中间是鼻子的起始位置。

时装模特的平衡

当你了解了时装画中人体的基本结构后，你就会意识到，时装画是人体姿态平衡、身体比例以及各种动作的集合。即使是夸张的手法以及飘逸的动作，模特还是要保持恰当的比例和平衡的姿态。

模特站姿平衡

人的重心一般是放在身体的一条腿上的，如果站得很正、很直，那么重心一定是同时在两条腿上的。在日常生活中，你要多留心观察自己在和朋友聊天、逛街、工作等不同状态时的姿势。当你处于一个轻松、自然的状态时一定是最舒服的，

向后倾斜的同时把重心放在一条腿上。如果你处在一种紧张的工作状态时，你可能会站得很直，所有的重心会分布在两条腿上。如果将重心放在位置靠前的腿上，说明你在听别人说话或者即将要向前走，也有可能是参加跑步比赛。注意重心

的分布是很有必要的，这样才能保证模特姿态是平衡的，而不会像是倒在纸上的。重心所在的腿，往往会和头处在一条竖直线上。下面的三个例子就展现了正确的平衡姿态。她们都穿了黑色的裤子，目的是为了向大家强调正确的腿部姿态。

重心位于右边

模特身体的重心位于右腿。你可以看出她的身体略微倾斜，同时左腿的脚踝轻轻地靠在右腿上以保持平衡。

重心位于左边

这个模特的重心大部分位于身体的左边，只有很少的一部分放在右腿上。

重心位于身体的中心

模特身体的重心均匀地分布在两条腿上。她站立的姿势比较紧张，身体略微前倾。仿佛没人能够推倒她！

自然动态

走路时的姿态包含了肢体的摆动。当我们了解了一定的解剖学知识时，就会感慨身体竟然创造了这样美妙的轮廓来让我们描绘。当人体的重心放在一侧的腿上时，该侧的臀部就会抬高，肩部也会变低，而在另外一侧，变高的肩部反而会使臀部的高度降低。把人体想象成由两个倾斜的字母 V 组成，肩部和臀部离得近的地方像一个开口小的 V，离得远的地方像一个开口大的 V。

冷艳海军风

模特身体的重心大部分放在她的左腿上，只有一小部分仍放在右腿上。通过臀部下沉的姿态可以判断重心的位置，但同时她也已经做好了随时向前的准备。

浅色休闲西服

模特右边的肩部低，臀部高。相反的是，左边的肩部高，而臀部低。强烈的时尚感如影随形。

周日漫步

模特右边的肩部低而臀部高（开口小的 V）。相反的是，她左边的肩部高而臀部低（开口大的 V）。

30

正面视图

正面视图是最常见的时装画姿势。从设计师、买手和经销商到广告团队，还有顾客，都希望看到时装穿在模特身上的正面效果。因此，作为一名设计师，我们的使命是将这些姿势画得趣味性十足，让时装和时装画都得到消费者的青睐。

浅蓝丽人

模特在微风中握着裙摆的造型以及双腿向内相对的羞涩感使得这幅正面视图的时装画充满了趣味。

黄金海岸

低调的奢华是引人注目的，甚至会带给人一些威严的神秘感。它让人们希望找到这样一位女士，能将昂贵的设计师作品与慵懒的气质结合打造一种别致的黄金海岸风格。

酸橙汽水

一个女孩儿通过眼神的交汇和性感的双腿就足以让你注意到她兼具甜美与性感的短裙。像酸橙汽水一样，甜美而充满动感。

正侧面和 3/4 侧面

　　正侧面和 3/4 侧面给人一种飘逸、迷人的感觉。采用这样的姿势，腿部大多是有动作的，因此观察者能看到更多服装的部位和细节。当一张纸上需要放很多个模特时，侧面角度的姿势是很好的选择。不同的模特之间可以进行有趣的互动和对比。

微风轻扬

　　模特穿着飘逸的纱裙在舞动，这样的姿态让读者有一种想要接近她，和她一起起舞的愿望。

冷酷湖蓝色

　　正如大家所看到的一样，图中模特是一个酷酷的女孩儿。她身穿蓝色牛仔裤，T恤外搭一件很有质感的亮皮质机车夹克。模特的神态和酷酷的颜色也赋予了整体着装爆棚的视觉吸引力。

律动荷叶边

　　一件飘逸的荷叶边短裙通过模特腿部前后的摆动，显得更为美丽。让我们踏着这样的节奏逛街吧！

背面视角

从背面的角度来展示服装的目的，是为了更好地表现服装的细节或者是一种别致的发型。例如，华丽的晚礼服、精致的辫子、设计师独特的面料。同时，背面视角还带给人一种神秘的感觉。你可能没有办法看到模特完整的面庞，但是这些就足够激起你的好奇心了！

丁香时刻

当你从正面看时，只看到一套很传统的搭配——经典的合体女士衬衫、荷叶边中裙、麻花辫。但是当你看到整个造型的背面，你就会发现华丽的露背设计完美地刻画了背部的曲线，漂亮的脚部搭配了一双极高的高跟鞋，拉长了腿部的比例。这真是令人惊艳的装扮！

青翠欲滴

跟随着黄色的轨迹，我们可以看到一位有着迷人背影的模特！翠绿色是自信的，是光彩照人的。模特知道如何通过摆造型来展示这件亮晶晶的包身裙。裙身完整地覆盖了上半身，而较短的裙长则与此形成鲜明的对比，更加拉长了腿部的线条，强调出夸张的鞋子造型。

古典优雅

漂亮的古典美女身着一件优雅的长裙，高高盘起的发髻戴满了花瓣，精致的发型和亮闪闪的礼服裙以及迷人的背部，不得不说这是一个完美的造型！

不平衡姿势与比例的校正

　　在姿态的平衡和身体比例设计上，即使是一个很细微的错误，也会毁掉整幅时装画。下面为大家罗列了一些需要注意的点以及纠正不平衡姿势的小窍门，希望读者能够通过掌握这些技巧来画出漂亮的姿势和比例。

使模特的头部和躯干有逆时针方向旋转的趋势。

腿部的膝盖处应该有一定的弯曲。

腿部之间的距离要大一些，这样重心才能放在其中一条腿上。

适当地减短腿部的长度。

对身体而言，头部有点小。

对头部而言，颈部有点长了。

腰部和腹股沟之间的距离有些长。

腹股沟应该再向上一点。

这条腿的长度应该略短一点，或者将小腿的比例加长。

姿态不平衡

　　尽管模特看起来很轻盈，但是又有点飘起来的感觉。她的左腿没能完全站在地上，好像一阵风就能把她吹倒一样。

比例不协调

　　我们都希望模特的腿可以很长，但是当模特的上半身和头部看起来很小的时候，我们就知道这一定出了问题。

头部太大而腿部太短

头部太小而腿部太长

缺少骨骼关节

姿势太僵硬

姿势不够美观

左腿没有在地面上

激昂比基尼

第三章

模特姿态的刻画

姿态表现

姿态的刻画要求设计师能够很迅速地通过几条关键的线条以及几块色彩来表现模特的轮廓、动态和风格。姿态刻画的练习是很好的热身训练，能够培养你通过手和眼睛的协调，画出所看到的东西。对照自己的照片进行临摹或者参加绘画培训班写生都是很好的练习方法。姿态的刻画需要迅速，对于这一点要求，你可能会感到很奇怪，我在上第一节绘画课时，也有这样的感受。但是一旦熟练之后，你会爱上那种通过几笔简单的勾描就能描绘一种姿态的感觉。

动态线

动态线是一条假想的模拟人体脊柱的线，从人体的头部延伸至脚趾。当你在画模特的姿势时，会希望能通过关键的几笔来刻画整个姿态，动态线就能够很好地帮你做到这一点。从你所画的模特的头部开始，然后沿着脊柱的走向经过臀部以及重心所在的那条腿，最后一直到脚趾。一旦画好了这条线，那么其他的人体部位画起来就很容易了。

画动态线

通过描摹沿着人体脊柱的动态线，帮助你找到直接刻画模特姿态的方法。这是一种非常宝贵的方法，可以试着用记号笔在杂志或者是本书第八章的模特身上描摹这条动态线。久而久之，这项本领就会成为你与生俱来的能力。

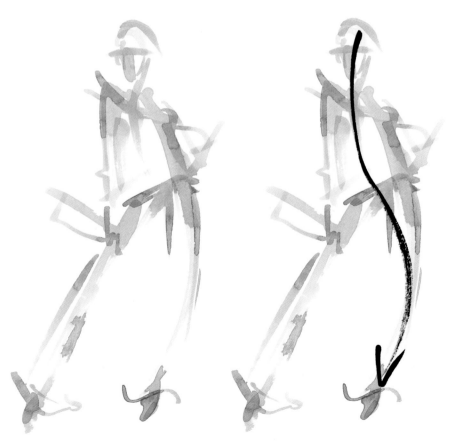

用透明粉色刻画姿态

大家看到的这些姿态都是通过找到身体的动态线，从头一直到脚趾，简单的几笔刻画而成。动态线强调了身体的动作，表现了模特的神态以及最基础的动作。尽管笔触很简单，有些还很模糊，但是读者仍然能够看出所画的模特是女性，身体的曲线很鲜明，穿着长袖的短上衣、阔腿裤、高跟鞋，手中还有一个提包。几条简单的线条就能展现这么多信息，着实令人惊奇！

下面这两幅时装画就是先画出人体动态线，然后再刻画姿态，大家可以通过动态图与完成图的对比找到其中的规律。

平稳的金发模特

单足站立、跳跃的模特

基本造型

人体的形态是由许多相互关联且互相对立的形状组成的。实际上，它们之间的关系又很复杂——有些部位柔软、圆润，有些部位又骨骼分明。我们可以将人体分成许多互相作用的椭圆形、长方形、三角形来研究各部位之间的关系。你所画模特的棱角越多，动作也就越丰富，时装画也就越能抓住欣赏者的目光，让他们在线条与轮廓之间发现精彩的细节之美。

运用基本造型刻画动态

通过基本造型来刻画动态，可以帮助你将人体分为许多简单的形状，以便于发现不同部分之间的关系。椭圆形的头部与长方形的颈部之间有一个角度，而且两者的关系是相反的。如果沿着脊柱来刻画人体的动态线，你会发现在胸部和盆骨的区域是由两个三角形构成的。动态线向下所经过的腿部是长方形的，脚部是椭圆形的。胳膊是由椭圆形和长方形以及三角形所组成的。通过这些基本的形态来刻画的运动姿态一定是平衡且有着完美比例的，生动的模特形象就会跃然纸上！

将手放在臀部是一种很具动感的姿势。下面的两组图就是通过基本造型来刻画的时装画的完成图。

红色、白色和蓝色

红色、蓝色

螺旋描绘法

添加动态线以及通过简单形状的刻画正是所谓的"螺旋描绘法"。我们所穿着的衣物，即使是最贴身的部位也可以由圆形或者曲面构成。这些曲面使得我们所创作的模特区别于平面、粗线条的简笔画而显得更为生动和真实。从头部一直到脚趾，根据模特的不同大小，沿着人体的曲面，画出一条螺旋向下的线条，并将其延伸到胳膊和每一条腿上。类比小时候经常玩的弹簧玩具来勾勒人体的每一个曲面。这种方法能够使我们所画的模特更为真实，想要表现的服装也会更加可信，并且使得动态的姿势更加稳定。

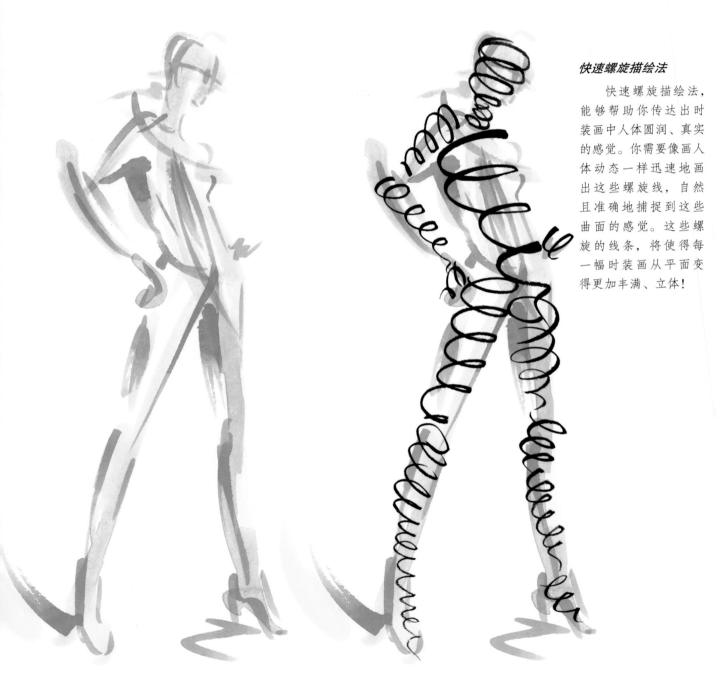

快速螺旋描绘法

快速螺旋描绘法，能够帮助你传达出时装画中人体圆润、真实的感觉。你需要像画人体动态一样迅速地画出这些螺旋线，自然且准确地捕捉到这些曲面的感觉。这些螺旋的线条，将使得每一幅时装画从平面变得更加丰满、立体！

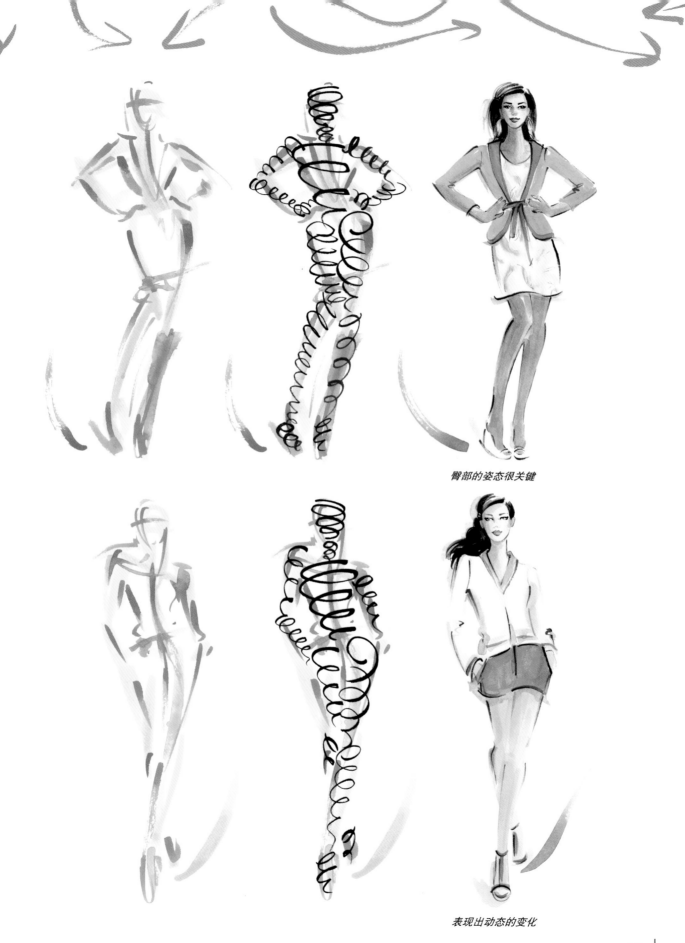

臀部的姿态很关键

表现出动态的变化

正确和完美的对比

　　一个姿态的正确与否，同样依赖于轮廓线的表现。在创作时要注意姿态的整体性，同时也要注意构成人体不同部位的形状。

完美的姿态

用色块来勾勒形状

这里所说的色块是一层被水稀释过的薄薄的颜料，将其涂在纸上可以刻画出大概的形象。如果采用这种方法进行创作，你需要先轻轻在纸上画出需要的形象，然后再逐渐地加深不同色块的颜色来表现你的作品，使其具有很好的整体性。在这一过程中，你可以加入色块或者勾勒轮廓，使时装画生动起来。

1

底色与轮廓

先用画笔蘸取一些镉橙色，迅速地涂抹出想要的造型。这一系列的动作，需要在 10 ~ 15 秒之内完成，你要确保它很好地传达了你所看到的景象（模特或者是参照的照片）。等这些色彩完全变干之后，你可以用墨水来勾勒出色块的区域，但是不需要过度地注意细节。你只需要想好，哪里是头发、头，哪里是躯干、臀部，哪里是胳膊和腿，以及怎样画出一个平衡的姿态。

2

色块构造形状

在一个小的调色盘中调好颜料。从面部开始画，先画主要的特征点，眉毛、眼睛和嘴唇，然后是头发以及衣服。用浅绿色来继续涂上衣的颜色，再用钴蓝色以及白色来涂牛仔裤，接着用品红色和白色来涂高跟鞋，最后再涂一层镉橙色作为肤色。

3

细节刻画

　　加入更多的色彩和轮廓使模特生动起来。这一步骤可以从头顶的头发和面部开始，画笔上的颜料能够强调模特的特点和轮廓。可以用眼线笔来勾勒外套以及腕带的形状。在创作时要注意笔刷的大小。对于比较细微的细节刻画，要选择000号的画笔；大面积的色彩涂抹则要选择8号画笔；3号画笔可以用来画头发；5号画笔可以为上衣和裤子着色。随着训练的不断深入，你会对画笔的选择有自己的把握！

4

最后的润色

　　上好色之后，下一步就是阴影和高光区域的上色。我通常会选择用000号笔刷蘸晕光银色来画时装画中亮晶晶的部分，如耳环、手表以及夹克的扣子。阴影则通过5号笔刷和淡紫色来表现。在自然光线造成阴影的部分画上淡紫色：发际线、两只眼睛之间、胳膊的下面、腿和脚的侧面以及所有织物的自然褶皱处。

晾干！

　　在涂下一层颜料之前，你需要保证上一层颜料是晾干的。这样才能让不同颜色之间的界限分明，才能起到不同颜色有序的混合。在这个部分所涉及的内容中，凡是没有特别指出的地方，都是在前一步颜色变干之后才能进行下一步。因为需要等颜料变干，所以一般我都会同时进行几幅时装画的创作。

让你的长发舞动起来

第四章

模特动态与夸张表现

金杰·盖尔

动态与夸张表现是时装画的重要特征。T台上的模特和平面模特都因其美丽的容貌、修长的身材、优雅的身姿以及表现服装的能力而受人瞩目。时装画中的模特风格多变，可以清纯甜美、热情洋溢，也可以从容、优雅，而这些形象的刻画依赖于模特态度及人格的表达。既然你已经学会了如何平衡模特的姿态，那么接下来就让你的模特走向正确的方向吧！

行走的姿态

行走的姿态是模特最为基本的动态。你所画的模特可以是在逛街，或是在购物狂欢，又或是正在赶往一个会议的现场。这样的可能有无数种。在时装画创作过程中需要注意的是，模特的每一步都可能被夸大，臀部的摆动也更为明显，肩部的动作以及飞扬的发梢也同时被夸张地表现了。现实生活中女生的头发不会像时装画中的那样，被风吹出完美的发型，这正是时装画的魅力所在。因为你在展示服装、饰品，甚至是一种观念，因此所有的这些元素都会被适当地夸张。

悠闲周五

以悠闲、放松的姿态来刻画一个将要和闺蜜去享用早茶的模特形象是再好不过了。她平静但却充满了活力，华丽却又不过于隆重，很适合这样的场景。

超级女生

画中的女孩儿可能是你见过的最酷的女孩儿了。这肯定是她的约会时间，去画廊、约客户共进晚餐，或者是去奢侈品商店购买衣服。她直视前方，昂头挺胸，好像这个地球上只有她一样。时尚和迷人是她的标榜。她的那件薄纱，白天可以作为披肩或拖尾裙摆，晚上则又能抵挡寒冷。眨眼间，她便很快地走出了人们的视线。

灵动松石绿　　　　　　　　　　　缤纷女神

有情感色彩的姿态

情感能够表达很丰富的内容，但是就时装画的领域而言，情感意味着有魅力、时尚。通过模特的一些姿态，可以起到加强服装原本想要表达的情感色彩的作用。奔放的皮草或者新颖、性感的设计就需要热情洋溢的姿态。一些浪漫的色彩或者婉约的花纹则需要柔美、自然的姿态来烘托。在下面的这些时装画里，你要极尽所能地来表现模特们的情感色彩。要知道的是，平静中往往蕴藏着巨大的力量！

耀眼的明黄色

这个姿态就有着很丰富的感情色彩。目光直视，略微上扬的臀部以及舒展的腿部都很适合来展示一双鞋子、裤子或者是休闲短裙。伸开的肘部，也很适合用来展示珠宝或者是指甲上的装饰。

灵动旋转

平稳、甜美中略带性感的姿态是一种展示独具特色的牛仔裤的好选择。模特的目光偏向一边，将你的注意力完全吸引到她的腿上，短小且鲜艳的上衣与精干的短靴，又加强了整体造型的利落之感。

干练长靴

连身裙、紧身长裤与长筒靴形成了鲜明的对比，一下子就抓住了欣赏者的目光。模特酷酷的装扮，不需要太多的装饰就能光彩夺目。

紫色的精灵

猩红点缀

比例夸张

就像创作时参考的模特一样，时装画里的模特也是十分高挑、纤瘦、漂亮。时装的展示也要求模特的比例更为修长，你要确保你画的时装画符合这一要求。有一种最简单的方法来达到这一目的，那就是"九头身"法。大部分人的身体，从头算起，一直到脚，一共有七个头的长度，而时装画中的人体有九个头的长度。你可以想象，一个人拥有这样的比例会显得十分窈窕。在日常的练习中，你需要多画这样的人体比例，并且找到他们的动态线。在画一幅时装画时，你可以找一张纸，按照头部的比例画一个圆形。然后按照这张纸的比例向下画八次，并做标记，最后落笔的地方就是模特的脚所在的位置。两条线之间就是模特的位置。这种方法可能需要练习很多次才能掌握，但是最终所画的模特一定会变得修长而美丽。

夸张的：九头身

这幅时装画在某种意义上就是传统插画的表现方式：高挑、纤细、大方、优雅。她的身体被拉长，并被夸张地表现出来。仔细观察你会发现，她的姿态与正常人并没有什么区别，但是她阳光的外表、时尚的气质让她成为了秀场上最亮的一颗星！

正常的：七头身

这幅时装画展示了一个中等身材的模特。她很苗条且圆润，算不上十分动人。她可能是一个时尚的人，但不是一名时装画中的模特。她可能是你的好朋友、同事，或者是你的侄女。

蓝色丽人

　　时尚人士的着装往往别致而又正合时宜。柔顺的连衣裙与白皙的肌肤通过镂空设计展现出来。这位模特也有其夸张的特点：拉长的马尾辫与极富光泽感的嘴唇将其打造的时尚感十足。金色的装饰并没有太过招摇，简单的外形完美地衬托了裙子流畅的线条。

修长的双腿

　　这位模特用她低沉的朋克风很好地控制了气氛。黑色的皮夹克、短裤以及修长的双腿向我们传达了这样一个信息：随性的便装永远是时尚的。为了夸张模特的某些特点，你需要把握好关键部位的刻画！

优雅的黛布

　　这位丽人拥有观赏一场音乐节所需要的造型元素。飘动的长裙以及发辫完美地呼应了舞蹈般的姿态，相互碰撞的饰品也更加凸显了梦幻的场景。可以说，优雅的黛布重新定义了嬉皮士的造型。

让稳定的姿态动起来

很多时候，客户会要求时装画能够从正面的角度展示服装的效果。下面的内容就从轮廓及细节来展现设计方法。模特或者是时装画的作用就好像是衣架，主要用来展示服装在店里陈列时的状态。无论是对于工作还是对于观赏者而言，笔直的姿势通常会让人觉得乏味。因此下面的内容中，我为大家准备了一些让自己的模特生动起来的小技巧。

1

呆板的姿态

尽管图中的模特形象已经是十分可爱迷人，但是她本可以更加出彩。接下来的内容中，我将为大家展示如何让模特的姿态显得更为生动。

2

墨水勾边

将墨水颜料、永久性墨水与少量（30ml~50ml）水混合。用000号笔刷将模特的轮廓从头部到脚勾画一遍。值得注意的是，较小的肩部角度表现了模特朝前的姿态。

3

色彩细节

轻轻地为模特从上至下的主要部分上色。飘在肩上的头发使模特形象仿佛处在一种微风轻抚的状态下。她的头发将会被吹向同一个方向，而面部则需要有一种棱角分明的轮廓感。在头发的部位，迅速地画出"S"形，当画到发梢的时候，要注意尽快提笔。

4

细节

　　继续完善模特短衫和面部细节的色彩层。模特的眼神要有感情，而不只是简单、乏味的直视。让模特的眼睛朝向旁边，就好像她看到了你视线之外的有意思的东西。同时，用一些渐变的黑色来模仿眼睛里的闪光。微笑是很自然并且迷人的表情，但是似有似无的微笑更能增添神秘的感觉。让她的嘴角微微上扬，为画面增添一些友好的感觉。耳环的角度可以多一些变化，从而制造一些反光。项链也可以离开身体，而不是直挺挺地挂在颈部。如果你的模特还拿着一个钱包，那么最好让她的手腕轻轻地甩出一个角度。这样的动作是一种很好的展示钱包正面的方法。

5

最后的润色

　　马上就要完成了！现在你需要做的就是完成部分位置的阴影以及面料的不同质感。你也可以用一些钛白色来制造首饰上高光的感觉。用6号笔刷蘸取紫色颜料来模仿阴影，让模特形象鲜活起来！值得注意的是，光是从模特的左边投来的，因此她面部的右侧会有阴影，发际线、鼻梁的右边、颧骨都会有黑色的阴影。接下来绘制胳膊接触到躯干以及裙子下边缘的阴影，一直到鞋子的阴影。对于这些阴影区域，绘画时要注意用轻快的笔触。这些阴影的设计是为了让模特更为生动，而不是在很小的空间里填充某些颜色。到目前为止，你的模特就完成了，她正朝着你缓缓地走来呢！

通过颜色来表现动作

　　在下面的内容中，我会为大家提供另外一种让动作生动起来的方法。你只需要按照步骤来画，不用担心线条或者色彩是否完美。通过放松的线条以及颜料图层来创作时装画会更有趣，动作也依然生动、活泼。

1

底色与涂色

　　先用几秒钟时间，用镉橙色迅速勾勒出模特的姿态与神情。接下来，用中号的画笔蘸取蓝色勾画出裙子和鞋子的轮廓，并用浅金色画出头发。在绘画时，要注意模特身体的刻画，以及衣服在模特身体上的状态。因为你所画的模特是在行走的过程中，因此头发和衣服一定会有相应的摆动。

2

色彩与轮廓

　　在继续涂色的同时，要用墨水来勾勒出面部五官的轮廓。用 000 号笔画出模特迷人的睫毛、光泽丰满的嘴唇。用 3 号笔刷，进一步刻画模特头发随风飘扬的感觉。接下来，用钴蓝色画出不均匀的点状图案，勾勒出裙子图案的大概形状。

3

细节刻画

  继续添加颜色与墨水来进一步刻画时装画的细节。用 000 号笔刷勾勒出模特的身体轮廓以及装饰品，加深肤色、头发、裙子上的图案。用普鲁士蓝和钻蓝色进一步加强花形图案的效果。在绘画时要注意落笔的速度，尽量保证笔刷迅速地接触纸面之后很自然地离开。与较沉重的笔触相比，轻快的笔触所画的图案给人以更多的动感。当你在创作时需要时刻记住：神情、随风摆动、轻松、活跃的感觉，这样能使你的作品富有生机。

4

最终渲染

  最后，用墨水来完成一些细节以及面料质感的制作，用银色颜料来营造模特手镯等细节的高光效果，也可以在裙子的图案间做些点缀，增加一些趣味性。用紫色来为即将完成的模特画一些阴影。值得注意的是那些一定会存在自然阴影的部分，如发际线、颧骨、胳膊与躯干的接触部位，以及裙摆的下边缘。用紫色的颜色沿着墨迹勾画，让模特的动感更为真实。注意表现风是如何使衣服飘动的，从而让整个模特也跟着动起来。完成了这些，一幅动感十足的时装画就搞定了！

正确与完美的姿态对比

无趣、缺乏生机的
发梢

平直的目光

僵硬的肩部及领角

笔直的夹克线条给人
一种不舒适的感觉

死板的夹克边缘

垂直的臀部，缺乏
运动感

没有生机的裙摆

飘逸的头发及辫子

眼神闪亮，略带微
笑的表情

夸张的肩部

衣服自然地随着人
体而卷曲

随身体产生的自然
褶皱

臀部动作丰富

腿部弯曲得自然、
优雅

刻板的下摆

锦上添花的下摆

悦动沙滩

我们每个人都希望自己能像她一样享受轻松的沙滩假日。悦动沙滩是自然美的缩影：长长的纱裙在沙滩边的微风里轻轻摆动，与性感的比基尼、飘逸的纱巾完美地契合在一起。

避免过度创作

如果在创作一幅时装画时，你感觉到自己很纠结或者创作过度，那么可能这样的事情真的发生了。这个时候你就需要停下来，放下手中的笔。当你再次回到自己的作品旁边时也许会有新的发现，并决定是否要继续在这个基础上进行创作，或者是重新开始。不要害怕撕掉之前的作品再来一次。我就经常撕掉自己的作品，重新来画。我知道，要撕掉自己投入了很多精力的作品是一件很困难的事情，但是有很多时候重新来画是唯一的办法。另外，时刻保持你的精神处于清醒的状态，要以务实的态度来对待你的作品以及完成期限。对于一幅不够好的时装画创作，重新开始往往会比继续在原地纠结节省时间。

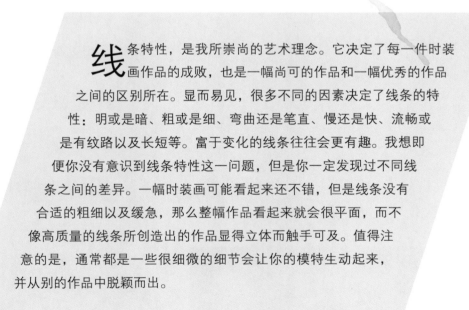

第五章

线条特性

皮草丽人

线条特性，是我所崇尚的艺术理念。它决定了每一件时装画作品的成败，也是一幅尚可的作品和一幅优秀的作品之间的区别所在。显而易见，很多不同的因素决定了线条的特性：明或是暗、粗或是细、弯曲还是笔直、慢还是快、流畅或是有纹路以及长短等。富于变化的线条往往会更有趣。我想即便你没有意识到线条特性这一问题，但是你一定发现过不同线条之间的差异。一幅时装画可能看起来还不错，但是线条没有合适的粗细以及缓急，那么整幅作品看起来就会很平面，而不像高质量的线条所创造出的作品显得立体而触手可及。值得注意的是，通常都是一些很细微的细节会让你的模特生动起来，并从别的作品中脱颖而出。

用笔基础方法

优美的线条和恰当的笔触能为时装画增色不少。不同号数的笔刷选择是一幅好的时装画成功的关键所在，你需要细心地揣摩。当然了，你一定不会用一支很粗的笔刷来画模特的面部细节，也肯定不会用很细的笔刷来涂大面积的色彩。如果你这样做了，那么你的模特一定会看起来很糟糕。用粗笔刷很难实现细节的刻画，用细笔刷来涂大面积的色彩也必然会导致在画纸上过度创作。想得到一幅好的作品，你一定要懂得如何选择画笔以及落笔的方式，并且懂得在什么时候起笔，什么时候收笔。当你懂得了这些技巧之后，你就能很好地表现自己想要表达的美丽与幸运。

笔刷的大小

大家看到的是我通常会用到的笔刷的笔迹。第一列的笔迹是用不同笔号的笔尖轻轻地在纸上滑过。第二列是用笔刷的侧面在纸上画出的比较粗的笔迹。你要确保在日常的绘画过程中有足够的画笔。笔刷有时候是很贵的，不过如果你选择用合成的或者是一些商店品牌的笔刷就会经济、实惠得多。如果预算只允许你买很少的几支笔，我推荐你从000号开始买，买两支，一支用来画浅色，一支用来画墨色。之后要买2、4、6这三种号，尽可能每种买两支，一支用来画浅色，一支用来画深色。避免经常清洗笔刷，从长远的角度来看，这样可以节约开支，也能让你的画颜色鲜亮且保持清透的感觉。

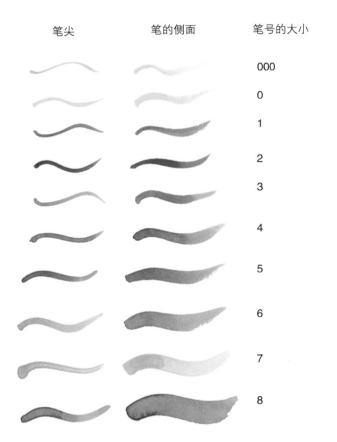

笔尖	笔的侧面	笔号的大小
		000
		0
		1
		2
		3
		4
		5
		6
		7
		8

大格纹用大号笔刷

小格纹用小号笔刷

头发弱光区：
2 号笔刷

面部五官与头发
高光区：000 号笔刷

肤色：4 号笔刷

黑色边：000 号笔刷

上衣细节：1 号笔刷

上衣：4 号笔刷

裤子：6 号笔刷

底色与姿势：
6 号笔刷

绿色手袋：3 号笔刷

腿部肤色：5 号笔刷

鞋：3 号笔刷

紫色阴影：4 号笔刷

安·弗朗西斯科

完美的肤色

选择正确的笔刷大小

用几支笔刷刻画两个模特的动态。对于面部细节以及头发的刻画，我们需要用最小的笔刷。衬衫上的印花效果需要用中号笔刷来画，皮肤的底色用较大号的笔刷刻画。用 000 号笔刷勾勒边线。

画笔用法基础

通过将颜料与不同比例的水混合，就可以创作出不同的阴影。例如，轻盈、明晰的或是深色且有纹路的。

不透明与半透明

你用笔刷蘸取的水的量决定于将要画的区域。如同笔刷大小的选择一样，对于颜料的选择也有很多方案。想要画出最浅的色彩，你需要在调色盘内加入约为 15ml 的清水。接着再滴入一滴颜料，用 6 号笔刷搅拌均匀，然后就能画出非常浅的色彩。逐渐向其中加入颜料，色彩就会由浅变深。当需要很深的色彩时，你可以先用清水蘸湿画笔或者在笔刷上喷少量的水，然后将颜料从管中挤在笔刷上，直接开始画就可以。你会发现，这样的方法画出的笔迹很厚，而且有不均匀的纹路。为了避免在纸上画出不平整的表面，你需要将笔润湿，直到笔刷上的颜料能够流畅地在纸上画出。当然，你还要掌握色彩的透明度变化，最好的方法是在颜色还没有变干之前迅速地画出一笔。如果你追求一种纹路的感觉，如一种金属质感的纹路，大胆地去尝试就好。注意不要挤出过多颜料。

吸去笔刷上的颜色

我通常会准备两张纸巾，并折叠两次，然后放在调色盘的边上或试色纸的上面。确保纸巾干净，因为有时候纸巾上的颜色会粘在笔刷上，破坏了整幅画面。用纸巾吸去笔刷上多余的色彩是必要的，特别是当用水稀释过颜料之后。如果没有及时地吸掉笔刷上的颜色，那么作品的细节将无法得到完美呈现。我通常用两种方法来吸掉笔刷上的颜色。当使用大笔刷时，我会选择拿着笔刷的侧面，然后在开始画之前，先用纸巾吸走多余的色彩，让颜色不至于掉落失去控制，而且还要保证笔刷上的颜料充足。

当使用小笔刷时，因为它不会有太多的色彩，因此我选择在纸巾的边缘处轻轻地吸一下，以避免吸去太多的颜色。当你刻画细节时，保证颜料不会滴落，这样的状态

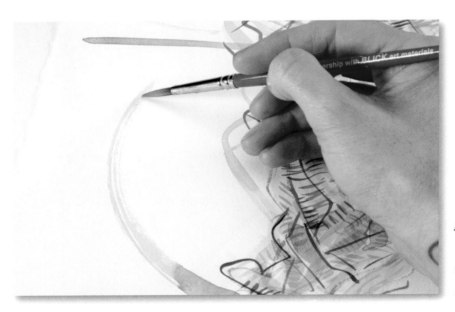

绘画时要放松且迅速

当画轻松、有趣的背景时，我会这样拿笔，笔和纸接触发出的刷刷声，为我的时装画赋予梦幻的动感。

能使色彩完美地集中在笔尖。如果还不能很好地掌握吸收颜色这种方法，那么大胆地去尝试就可以了。你会惊喜地发现，你竟创造出了许多不同的感觉。

我还经常会将纸巾一分两半或者是用四分之一来吸收滴落在纸上的颜色或者是污点，也会把纸巾垫在拿笔的手下面，这样就可以避免由于手在纸面移动而损坏了纸张。想必你也知道当画纸被污损之后的样子：当你画完一部分时，你会发现自己的手或者手腕的部位有一些纸屑，并会在纸上留下多余的痕迹。

笔触的测试

当这些纸巾因为沾了颜色而变干之后，你可以将它们收集起来用来清理调色盘的表面。用它们来清理调色盘的小格子或者是很大的区域是十分方便的。你会发现适合自己的方法，把自己需要的东西放在手边也是十分必要的。

你还可以用这些纸巾来试试你的笔刷。我一般习惯于在和画纸相同的纸上来试颜色，这样可以保证色彩效果的准确性。另外，也可用废弃的作品的背面来试色。

我会把纸分成小块儿，放在调色盘的下面，同时，这些小纸片也

能够测试很多不同笔刷的色彩。这样你用起来就会很方便，不会打断自己的创作思路。我会在落笔之前测试每一笔的色彩。听起来很麻烦，但其实就是一瞬间的事情，大概只需要几秒钟吧。从另一个角度看，这样可以节省很多的时间和精力。因为这样可以很容易更正颜色，但当把不太合适的颜色画在时装画上时，更改起来就比较麻烦了。除非颜色比较浅，你可以用深色覆盖起来。从这个角度来看，在每次落笔之前试一试是一个很好的选择。

如何落笔

这些笔触显现出怎样落笔能让混合了颜料和水的笔刷在接触画纸后达到想要的线迹质量以及透明度的变化。

1　约 15ml 水混合 1 滴颜料（红色）。用 6 号笔刷蘸取一点颜料，就能画出这样的效果。

2　约 15ml 水混合两滴颜料。

3　约 15ml 水混合 6 号笔刷蘸取一半颜料。

4　约 5ml 水混合 6 号笔刷蘸取的颜料，或者在调色盘的一小格中滴入一滴水。

5　将 6 号笔刷喷水浸湿，并将颜料挤在笔刷上。

1

2

3

4

5

过度修饰作品

过度修饰是绘制时装画过程中经常会犯的最大的错误,尤其对于靠清晰的线条和鲜艳的色彩来表达设计师想法的时装画设计师而言,可以说这是致命的错误。即便其他的部分十分完美,但是大家的目光仍会集中在过度修饰的地方。一旦这样的事情发生了,最好的办法是放弃这幅画,重新创作。刚开始你可能还不太习惯,但是之后你就会发现这么做是必要的。作品最终会变得鲜艳、明亮,并且重新开始其

实节约了你的时间和精力。

一种最为常见的过度创作问题就是不知道什么时候应该停止。我们经常会陷入创作之中,当我们意识到需要返回去检查时,才发现所有的颜色层以及线条已经将一幅时装画变得无聊而且毫无生机。缺少经验的设计师会将所有的颜色都涂满,不懂得留白,不懂得自然地展现高光区域。这将会使得作品的色彩变得沉闷而无趣。最终,除了过度创作,我们无法再还原鲜亮的

色彩感觉。同时,肤色会变得不自然而且缺少光线的变化,整个面部会显得很平且缺少棱角。如果缺少了高光部分,头发就会显得缺少活力,眼睛也会无神,所有的首饰也会变得黯然失色,线条会变得僵硬和缺少生机。

下面对比的例子详细地描述了为了避免画面单调无神,应该做的和坚决不能做的所有工作。

毫无生气的金发美女

太多的金色将模特的头发变得毫无生气。她的颧骨并不需要黑色的轮廓线。我们需要的是光线自然地照在面部的感觉。嘴唇的形状还是不错的,但是黑色的线描依然显得很多余,破坏了嘴唇精致、秀丽的感觉。她皮肤的颜色几乎与头发的颜色一样了,仅有的不同点也只是阴影的不同。这样的线条有悖于常识和视觉感受。

灵动的金发美女

将金色轻快、明亮地表现出来是很容易的。用自然的白色纸面作为高光,轻松的几笔就能很好地刻画出头发自然、流畅的感觉。皮肤的色彩也是如此,可用精致的色彩来刻画眉毛的感觉。不同深浅的黑色线迹很好地与柔软的皮肤、头发的色彩形成可爱的对比,并且也能突出色彩鲜亮的裙子。

灰褐色的一片

  大家从图中可以看到，模特好像被烙铁烫了一样，所有的颜料都混在了一起。尽管她的发型很漂亮，但还是因为缺少了高光或者是连成一片的锥形色块而让整体看起来像一只深褐色的森林动物趴在她的头上。宽松的上衣和肤色之间又缺少对比，整体色彩毫无层次感可言。

酷酷的棕色

  这幅时装画看起来就好了很多，细致而明亮。头发在空中自由地飘动，细腻的笔触也很好地刻画了模特鲜明的面部特征。她的妆容稍显夸张但是没有过度装饰，嘴唇也显得丰满、明亮。画纸上的自然光泽通过衬衫显现出来，很好地营造了一种动感和轻盈、飘逸的触觉。

糟糕的赤褐色

  这样的一幅时装画，会让人感到沉闷而失望。头发上没有任何的高光，让人觉得好像戴了假发。肤色也很死板，像是将颜料直接涂抹在画上，并且将头发上的色彩以及阴影混合在了一起。勾勒轮廓的黑色线迹过粗，上衣的白色图案像是附着在衣服上的，混乱且难看。可见，过度创作会破坏整幅作品的效果。

精致的赤褐色

  通过对比，不同就显而易见了。图中的模特形象更为明亮，而且线条也更有动感。通过快速地在纸上画出较宽的线条，让白纸变成高光的部分，制造出头发随风飘动的感觉。线条流畅、灵动，明度变化合理、自然。比起将黑色的部分涂白，将浅色变黑色则容易多了。

黑色线迹

我之所以推崇用黑色墨水来画画，主要原因在于它给人一种流畅和沉稳的感觉。这也是我喜欢墨水胜过黑色颜料的原因所在。如果想让颜料的黑色有同样流畅的效果，那么必须在其中加入很多的水来稀释。但是这样一来，黑色的密度就会降低，沉稳的感觉也会消失。用黑色的墨水来画纹路也是很好的选择，并且墨水能很快变干，制造出的纹路效果也很灵动、轻盈。黑色墨水还可以用在灰色的地方，用它来刻画底色中的线迹再好不过，或者用来画深色、发亮的皮革也是不错的选择。不同程度阴影的变化也是创作时会经常用到的。经常进行不同的尝试，你会发现黑色墨水出奇得好用！

冷峻的色调：一滴黑墨水调配一点普鲁士蓝。

在黑色墨水中滴入适量的水可画出流畅的线迹。

温暖的色调：一滴黑色墨水滴入少量的深红色。

改变黑色的冷暖感

墨水可以直接单独使用，也可以和冷暖不同的色彩混合着使用。黑色的墨水本身有一种独特的华丽、丰富的质感，能够和许多颜色搭配，起到吸引视线的作用。黑色能通过所营造的空间来吸引观赏者的视线。但是，通过向黑色中加入普鲁士蓝可以营造一种冷色感的黑，加入深红色可以营造一种暖色感的黑，这两种方法都能营造出与众不同的黑色。左侧图片有三种不同的例子，展示了黑色是如何将其他的色彩变得有活力的。可以尝试着用黑色和蓝色的混合等偏向冷色的颜色来表现外套或者含有绿色、蓝色等场景。这样的色彩能够很好地与其他色彩进行互补。当外套或者场景为偏暖色时，可以选择将黑色与红色混合起来与别的色彩形成互补。只有在勾边时，我才单纯使用黑色而不与别的颜色混合。这样既可以兼顾色彩与形状的表达，也能使所有的色彩边界都清楚、明晰。

较少的线条 = 清新的轮廓

你不需要把看到的所有都表现出来，如衣服上的皱褶、面部的皱纹、面料的悬垂状态、身高较矮的模特，又或者是很复杂的手部姿态。时装画需要达到的目的是通过简单的线条来表达鲜明的姿态。你的工作就好像熨斗，自动修饰了不同的衣服和面料。总体而言，时装需要的是年轻和新鲜（除非你所想要展示的主题与此不同）。作为设计师，你需要夸张地表现模特的高度、动作，甚至是复杂的手部姿态。

线迹的轻重

线迹的质量是很难量化的，比如你很难界定一幅画的线迹是不是有很好的质量。对我而言，一幅线条很美的时装画，无论从趣味性的角度还是从吸引目光的角度来看，都比一幅在线条上缺少宽度、色彩、纹路方面变化的画好上万倍。

以头发为例，再浓密的毛发，也需要通过一根根发丝的刻画来体现，而不只是用织物做成服装这么简单。较轻盈的主体需要细节的表达，线条特点须轻快、流畅、有趣。例如，在微风中飞扬的发丝、轻便的棉质T恤，你一定不会用沉重、暗淡的线条来表达。相反，你肯定会选择柔软、流畅、富有生机的线条进行刻画。同样道理，当描绘粗花呢、皮草时，你又会选择完全不同感觉的线条，如更为沉稳厚重、纹理感强的线条，这样的线条往往会产生圆润的感觉。

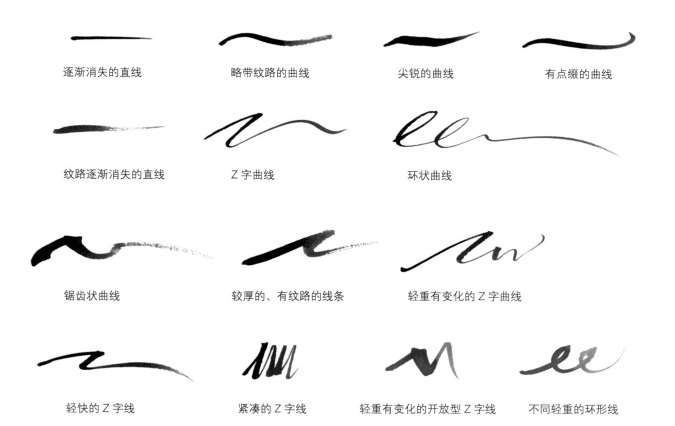

逐渐消失的直线　　略带纹路的曲线　　尖锐的曲线　　有点缀的曲线

纹路逐渐消失的直线　　Z字曲线　　环状曲线

锯齿状曲线　　较厚的、有纹路的线条　　轻重有变化的Z字曲线

轻快的Z字线　　紧凑的Z字线　　轻重有变化的开放型Z字线　　不同轻重的环形线

通过线迹来表达情感

向上的线条能给人积极、幸福的印象，而向下延伸的线迹则给人消极、枯燥的感觉，如同嘴角或者是眼角的上下变化给人的不同感觉。

线描与阴影

不同粗细的线条能够表现出不同形象和事物的阴影区域。如右图所示，精致的线条表现了模特发梢的顺畅以及手腕处羽毛装饰的质感。在模特身体相互接触的部位，或者是在自然阴影之中的部分都会用比较粗的线条来表示。金发模特的右侧有些许暗色，同时也用较粗的线条来表示阴影，但是她的左侧则相对会细一点，并且用较细的线条来表现自然光投射出的位置。

银色丽人　　　　　　　　俱乐部达人

波西米亚狂想

完美的线条！她的锁骨、指尖、脚趾以及柔软的头发都离不开精致、轻盈的线条。比较粗的线条用来刻画衣片之间或者身体产生的阴影。颈部、躯干以及鞋子，都用较粗的线条来刻画。在耳环以及腰带处，粗线条与细线条并用，用来表现装饰物的细节以及金属的重量感。

正确与完美的线条质量

所有的线条都很粗，会将画面变得没有立体感。

用过粗的笔刷来画辫子，使发型显得死板并且缺少高光。

草率、粗心的线条。

此处所用的笔刷偏大。

肤色被过度创作。

白色T恤缺少自然的阴影以及织物的皱褶。

需要更多的阴影。

线条缺少变化，太过于单调。

不同颜色的格子间缺少对比和变化，黑色过深。

黑色过于死板，没有冷暖的变化来与轮廓形成对比。

通过色彩深浅与明暗的对比来表现帽子的曲面以及面料的肌理。

较浅的线条表现了辫子的柔软及其随风摇摆的状态。

T恤上浅粉色的线迹与羊毛质感的裤子形成完美的对比。

扣子适中的金属质感不会闪亮、刺眼，另外还有些许的银色与紫色混合形成的阴影感。

在自然的白色T恤上形成阴影与褶皱。

迅速、轻快地线迹表现了面料自然的褶皱感。

带纹路的线迹加强了棉质或者是羊毛的感觉。

此处没有完全涂色覆盖，底色与方格从中透露出来，展现了模特处在动态中的效果。

在冷黑色的表面适当留白，能够很好地表现皮质的感觉以及亮黑色的服装。

令人生气的格子

　　这幅时装画粗心、糟糕的线条很难吸引人们的注意力。很明显对于这样一幅时装画而言，作者选用了过大的笔刷，导致了这样的结果。

令人疯狂的格子

　　对于任何一幅时装画而言，线条对于形状以及织物纹理的表现都是不可或缺的。这个模特之所以看起来十分生动、可爱、真实，完全是因为线条具有自然、丰富的变化。

较粗的线条在视觉上的重量感是一样的，看起来没有任何变化。

头发和面部的光线及阴影缺少对比。

不流畅的线条看起来不够优雅、清新。

裙子处的线条也很差，没有阴影，也缺乏动感。

手包上的线条不连贯，让整个装饰看起来不够干净、利落。

装饰链以及鞋子应该呈现出较浅的金黄色，以凸显出材质的质感。

裙子边缘处缺少流畅的线条，使裙子产生了强烈的下坠感。

肤色缺少变化，腿部线条也过于僵硬，使得小腿及脚踝显得不够真实。

巧妙地利用纸张本身的光泽制造高光效果。

面部以及发梢处轻盈的线条很好地刻画了模特的动态效果。

恰当的阴影很好地区分了身体的胸部与腰部。

高光增强了装饰链条的金属质感。

手包的倾斜角度自然、放松，渐变的线条使得整幅时装画有很好的整体性。

紫色的阴影与轻盈的线条使得裙边可爱、动人。

变化丰富的线条与色彩，赋予了腿部真实、迷人的动感。

毫无生气

　　这幅时装画中线条的运用，无疑是最差的。模特的轮廓线条沉闷、死板，让整个人都变得死气沉沉。整体的感觉，在色彩上是空洞的，缺少立体感。

活灵活现

　　这是一幅时装画。不同线条的灵活运用以及色彩的层次感，将这个美丽的女孩儿栩栩如生地展现在人们的面前。

顽皮精灵

完美的红色

第六章

面部画法

$\quad$**面**部对于时装画中的模特而言尤为重要。因为那是你第一眼看到的最为显著的部位，并且整幅画的浏览也是从这里开始的。我创作的模特都是十分高兴的，况且她们也并没有什么可以不开心的理由。她们绚丽多姿，穿着最时尚的服装，有最有趣的朋友，愉快地工作以及生活。在我的作品里，你根本看不到悲伤的女孩儿，因为我就是一个快乐的人，我的快乐从心里延伸到笔尖：一个个闪亮的、快乐的模特形象。眼睛是心灵的窗户，嘴巴能说出最迷人的话语，而头发则是风度的展现。乐观的人有乐观的自我、乐观的视角以及乐观的朋友。因此，我们要时刻保持微笑。

表情

　　大部分模特都是十分有趣的，都有着很丰富的面部表情。当然了，模特的表情很大程度上也取决于客户想要展现的服装以及你的创作思路。下面是一些简单的例子，不同的姿态可以有不同的表情。

性感撩人

邻家女孩儿

中性美女

惊讶

活泼开朗

古灵精怪

热情洋溢

甜美、明亮

嘴唇

　　嘴唇并不是最难表现的部分。但是，它的表现程度影响了模特笑容的整体效果以及感情的传达。用笔刷轻轻地勾勒嘴唇的曲线来表现模特的微笑，并且在纸上留出自然的高光来体现嘴唇莹润的光泽。

亮粉色

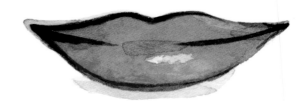

甜美的微笑

性感粉色

迷人深红色

青涩的微笑

可爱的红色

愉快的金色

艳丽的红色

可爱的粉红色

嘟嘴

爽朗的笑容

亲吻

牙齿太多了

    尽管微微张开的嘴唇很美丽，但是不要在表现模特的笑容时单独勾勒牙齿的线条。露齿的微笑会让你的模特变得不再优雅，让你的整幅时装画都黯然失色，之前的努力也都白费了。

眼睛

眼睛是心灵的窗户，能够让你的模特脱颖而出。它是所有感情表达的重点所在，也是展现迷人、优雅气质的关键。尝试着将模特的瞳孔画向一边，就好像目光注视在画面之外的地方。最后，你还需要花点时间来润色一下眼睛，用 000 号的笔刷画出眼睛里的闪光，记得要用黑色的墨水和快速、轻盈的笔触来表现。

亚洲风格　　　　姜汁辣妹　　　　喜剧女皇

阳光下的普兰娜　　　　夜间的精灵　　　　精妙绝伦的眼尾线条

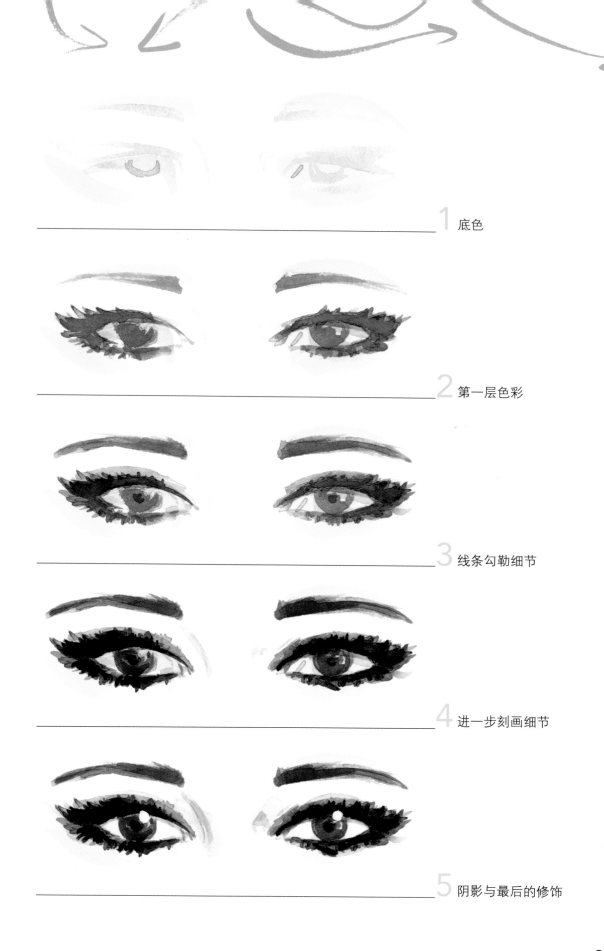

1 底色

2 第一层色彩

3 线条勾勒细节

4 进一步刻画细节

5 阴影与最后的修饰

示例
鼻子

现实中的鼻子会有些复杂，但是在时装画中，我们追求的是一种简单、美丽的效果。对于鼻子的刻画，仅需要几条简单的线条。这样的方法在画耳朵时也可以使用。

正确和完美的对比

左边模特的鼻子向上翻起，表现了她傲慢的神情，露出的鼻孔在面部会十分难看。右边的模特则好了很多，柔软的线条显得圆润、美丽，给人甜美、自然的感觉，鼻孔也被很好地隐藏起来，优雅、美丽。

不同色块来刻画鼻子

简单的线条来刻画鼻子

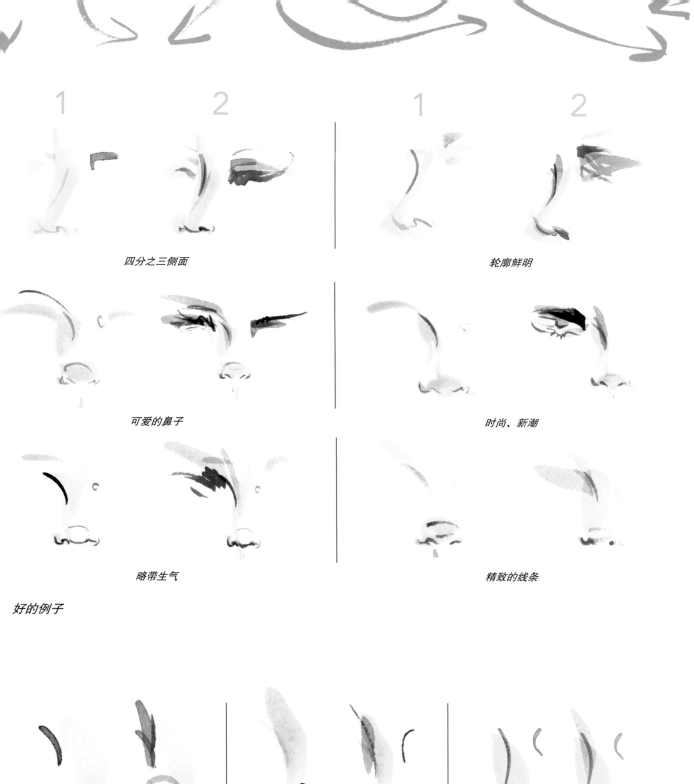

四分之三侧面

轮廓鲜明

可爱的鼻子

时尚、新潮

略带生气

精致的线条

好的例子

超出了头骨

没有鼻孔

粗心的画法

差的例子

正确与完美的区别

　　下面有几个例子，对比了正确的和完美的面部的区别，还有不同的发型对比。通过对比这些简单的错误，获得一些简单、实用的技巧能够帮你创作出一张干净、美丽的模特面庞。

高发髻美女

高飞的发髻

空灵的目光

好奇的眼神

淡淡的忧伤

绵长的甜美

严肃的神情

甜美可爱

无聊而迟钝

活跃而明亮

艾莉斯的长裙

飘逸的波西米亚裙

第七章

织物及配件

在时装画中能够接触到的不同种类的面料数量，肯定超过了我们的想象。不同种类面料的肌理、重量、颜色以及印花的设计一定会在面料的创作方面给你很多的指导。你要尝试着去想象将即将画的面料穿在身上的感觉。这样你就能体会到不同的面料接触皮肤之后的不同感受。举例来说，羊毛面料质感都比较厚重，而且温暖。通过羊毛质地的外套以及冬天较厚的羊毛裤，你能感知到厚重感。它们给人以肌理明晰的感觉，甚至有时候会有刺痛感。通过羊毛制品在风中不会被吹动这一特点，你会发现它要比其他的面料更硬挺，然而它的其他属性，仍需要通过皮肤的接触来感知。记住不同面料的触感，并将它用适当的方法表现出来。在用笔刷蘸取颜料时就要多一些，这样才能在纸上表现出羊毛面料的形状以及厚重的质感。

服装的重要性

模特以怎样的方式来穿衣服是一件很重要的事情。衣服的接缝、号型大小以及面料的垂感最好能够和真实穿衣时的感觉一样。如果衣服不能很好地适应模特的身材或者是没有穿在身上的感觉，就会显得特别难看。同时，如果忽略了服装的合体度或者是面料的自然动态也会让人觉得画得很粗糙。从另一方面来看，那些在形象上很出众的模特一定是自信、大方的。一件衣服的裁剪在现实中和画时装画时都是特别的重要。我们要将注意力放在服装接缝的线条以及服装和身体接触的着力点上。那些不同姿态形成的折痕以及行走时面料的动感在画时都需要考虑进来。衣服在衣架上悬挂时的状态与穿在人体上的状态是有很大不同的。当然，服装在何种状态下以及是否吸引人，都取决于你的创作。下面举几个简单的例子来展示一件合体的服装，并逐一分析它之所以合适的原因。

面料的刻画

在时装画中，简单、强烈的对比往往会营造出很有趣的视觉感受。通过浅色的纹路来表现一件纯色棉质上衣，高光的部分与面料的色彩相结合，而阴影则可以制造圆润和层次感。简单的几笔色彩就能营造出棉质面料穿在身上的感觉。你可以想象自己穿了一件这样的上衣，并将自己的感觉也融入画中。当身体移动时，你能看到皮肤表面的服装衬里是怎样离开衣服而运动的。在这些区域，你还可以画上一些皮肤的色彩，就好像能够透过这一层面料看见模特的肤色。

成熟的柿子色

　　这样的色彩饱满、立体，就好像已经成熟的柿子可以摘了。模特的太阳镜并没有笨拙地挡在眼前，而是很巧妙地插在了头发上。裤子是十分合体的，但也不是太紧，铆钉包随着身体走路时的摆动而离开臀部很远。手里的手机有着略带夸张的角度，让不是很大幅度的动作也显得动感十足。一些高光的处理让原本纯色的裤子避免了平面化。行走动态中，金色的T形带鞋子与金色的首饰遥相呼应。

闪亮的糖果色

　　闪亮的糖果色从头到脚都散发着甜美、潇洒、自信的感觉。清晰的肌理以及阴影很好地营造了帽子边缘自然、松散的卷曲感。在口袋以下的部分，裤子顺着直线慢慢地变得开阔，这样的感觉与整幅时装画的柔美形成了对比。通过一些看似杂乱的线条，自然地刻画了膝盖后的褶皱。褶皱太少会使得衣服给人感觉没有穿在身体上，而太多不自然的褶皱则会让人感觉创作过度。在创作时装画时，我们要特别注意衣服穿在模特身上时不同面料形成的不同效果的褶皱感。

粉色甜心

　　20世纪50年代的粉色是女性柔美气质的经典代表。模特摆动的马尾辫离开面部，强调了敞开的领子区域。宽松棉质上衣的接缝，完美地刻画了袖子处运动的感觉。通过敞开的上衣而露出来的一点胸衣，也增加了整个模特的运动感。两条简洁、流畅的波浪线，完美地展现了宽松上衣的质感。一条宽宽的腰带将所有的面料都聚集在一起，表现了腰部美丽的线条。放在口袋里的手，通过面料的膨胀感来增加动态的感觉。一双一根带凉鞋，与胸衣的颜色相呼应，并与上衣的纯色形成对比，青春而有活力。

面料

面料在模特身体上的感觉，决定了整幅时装画的质量。如果仅仅是简单地画出了面料的肌理、色彩、印花而没有让面料随着身体移动，那么所有的观赏者都会认为这是一件并不适合模特的衣服，所有的一切都会显得很平面且缺少生机。你的创作目标就是要通过变化的曲线、阴影、衣服的边缘，来让服装与皮肤形成动态的对比，从而营造服装穿在身体上的生动感觉。

生硬的金色

在这幅时装画里有一个特别明显的错误。模特左边耳朵的金色链条耳环与她站立的姿态不统一。僵硬的领部线条，让衣服的整个面料都显得呆板而缺少立体感。由于上衣的视觉遮挡，让人感觉模特好像少了一只胳膊。因为缺少高光的装饰，模特的上衣就像画纸上一个沉闷的黑洞。裙底边缘僵硬的曲线，就如同模特向某个方向不自然地倾斜。

惊艳的金色

图中模特所有的动作都是完美的。她的披肩与肩部的动作相协调，在上衣底部有夸张、飘逸的摆动。所有观赏者都会看到模特领部聚集的自然褶皱，这也让披肩下部的摆动显得自然而具有说服力。尽管她的右胳膊被衣服遮挡，但是通过衣服上的形状，你仍然能判断出它的存在。靴子、针织衫以及裙子边缘的色彩变化都说明这是一套特别合体的服装。

印花

画印花是一件很有趣的事情，但是要将它画在衣服上却还有许多挑战。每一个格子的线条都要包裹在身体上，条纹要保持平整。每一幅图案都要很好地符合身体的曲线，印花面料要以合理、自然的感觉依附在人体上。你要确保自己理解了不同图案的特征，并能很好地运用高光、细节及图案构成将它表现出来。下面举几个例子，帮你在细节处理上找到一些答案。

令人心碎的图案

上图服装的图案看起来表现得并不十分恰当。她的肩部看起来过于平直，与锁骨的曲线不匹配。面料在腰部本应该有更多的自然褶皱来表现服装本身的裁剪以及缝合线。所有的这些问题，再加上位置摆放不合适的心形图案，才造成了这幅时装画的失败。随意摆放的心形图案，使得整件裙子扁平而且缺少生机。

正确的心形图案

这个女孩儿看起来就美丽、健康了许多。从头到脚，连贯且高质量的线条刻画了模特自然、真实的动态。腰部有韵律的摆动以及裙子的形态都与肩部的动态完美地呼应。印在贴体上衣的心形图案自然地沿着动态线条分布。图案在面料上的分布与面料和身体一样，浑然天成。

格子

从平淡无奇到精彩绝伦，从短衫夹克到苏格兰格子，格纹从来都是时尚的引领者。通过不同色彩的搭配描绘，你可以得到很多漂亮的格子图案，有的适合摇滚明星、有的适合优雅的女士、有的则适合热情的女郎。

经典的格子图案

1 底色

3 第二层色彩

4 第三层色彩

5 墨水勾画细节

6 阴影与渲染

碎花图案

如果你需要花朵图案来寻找灵感，家里的花园无疑是最好的选择。没有后花园？那么去公园里走走，带一本时尚杂志或者是去花店里逛逛。如果你需要画的是一幅特别复杂的花朵图案，那么建议你可以参考一本植物学的专业书籍，我想它会帮你实现自己的创作理念！

繁花似锦

1 底色

2 第一层色彩

3 第二层色彩

4 第三层色彩

5 墨水勾画细节

6 阴影与渲染

皮革

皮革兼具了潮流与时代感，如经典的爱马仕铂金包、迷人女孩儿的机车夹克以及铆钉朋克风的皮衣。闪亮的高光以及凝重的阴影都是用来刻画皮革质面料的方法，皮革也是最为丰富多变的材料之一。

时尚的皮革面料

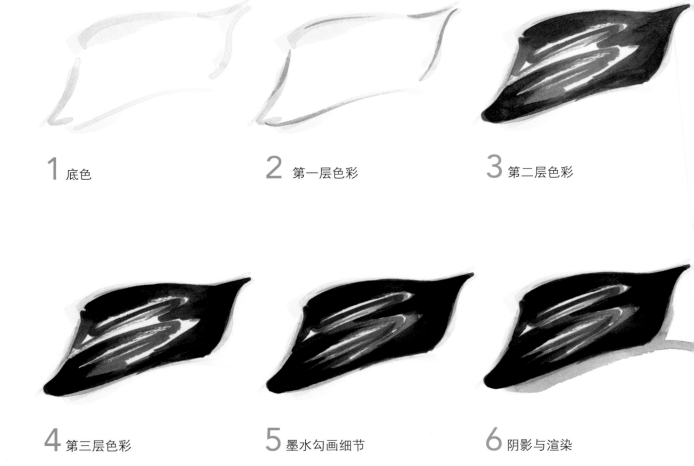

1 底色

2 第一层色彩

3 第二层色彩

4 第三层色彩

5 墨水勾画细节

6 阴影与渲染

柔顺的丝绸

在时装画中，丝绸与雪纺轻盈而美丽。你可以想象这样的面料在风中飘动，轻薄、透明以至于光线可以轻易地穿过其中。在用画笔画这样的面料时也是如此的感觉，你的画笔也要像纱一样轻盈。松散的色彩宽阔地晕染开来，流畅的画笔将这种轻盈的感觉传达到纸面上来。

柔顺的丝绸面料

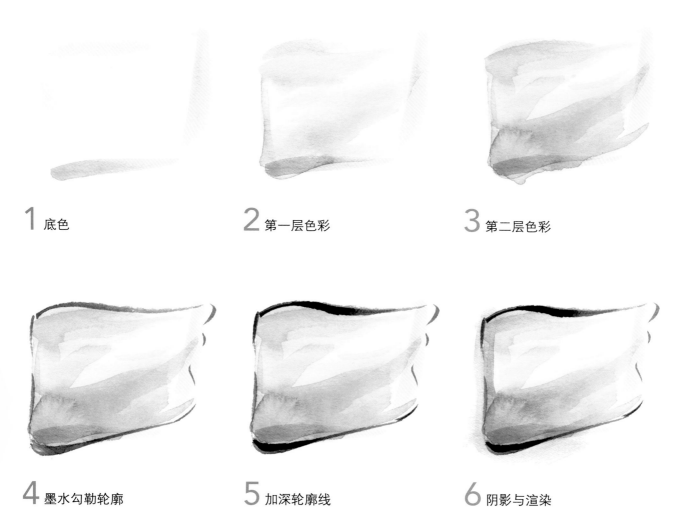

1 底色

2 第一层色彩

3 第二层色彩

4 墨水勾勒轮廓

5 加深轮廓线

6 阴影与渲染

示例
蕾丝

　　蕾丝可以有很多不同的使用方法，从优雅大气到流行潇洒，甚至是新娘的婚纱都能够胜任。要想画好蕾丝的线条、色彩以及图案是需要很大的耐心与毅力的。

多么精美的花边

1 底色

2 第一层色彩

3 第二层色彩

4 第三层色彩

5 墨水勾画细节

6 阴影与渲染

金属色面料

金属色的面料包含的范围很广，有针织便装、可爱的蕾丝、现代感的醋酸纤维面料以及华丽的礼服。为了能够吸引人们的注意，这样的服装上通常会有闪亮的金粉、银粉或者珍珠粉，让有色的材料变得闪亮发光。

金属色面料

1 底色

2 第一层色彩

3 第二层色彩

4 第三层色彩

5 墨水勾画细节

6 阴影与渲染

花呢面料

花呢是一种很经典的面料，但却不是陈旧与无趣的代名词。试想一下，一件人字呢的马甲，搭配一件白色的T恤，还有一件修身的裤子或者是花呢的夹克，再搭配一条牛仔裤与一双高跟鞋，整体的造型效果肯定很出彩。当要画花呢面料时，一支比较干燥的刷子是很好的工具。从最基础的格子开始画起，然后再添加干燥的颜色层来完成面料的纹路与边缘。

肌理的变化

1 底色

2 第一层色彩

3 第二层色彩

4 第三层色彩

5 墨水勾画细节

6 阴影与渲染

皮草

　　皮草是一种富有变化感的面料，从奢华到质朴，再到有趣。无论你是画天然的皮草还是人造皮草，所用到的绘画技巧是相同的，由一组一组的短线条组成一件完整的皮草。

逼真的皮草质感

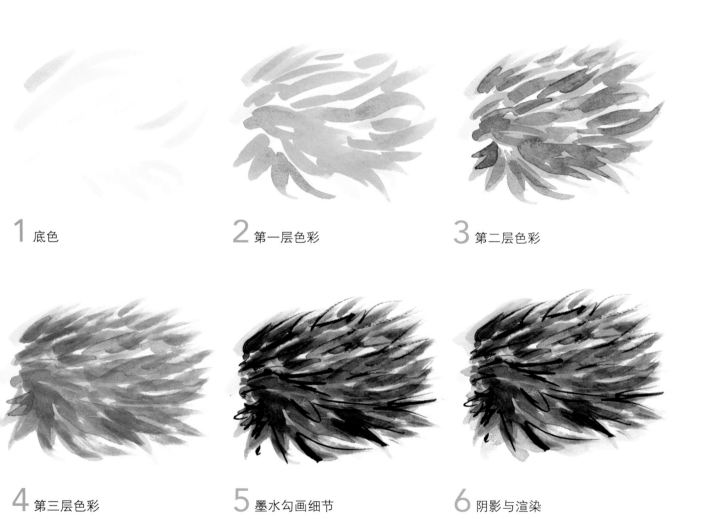

1 底色

2 第一层色彩

3 第二层色彩

4 第三层色彩

5 墨水勾画细节

6 阴影与渲染

鞋

闭上眼睛想象一下，有一整个柜子你喜欢的鞋子：细跟鞋、低跟鞋、平底鞋、靴子、便鞋！将所有的鞋都画出来，是一件多么让人高兴的事情！

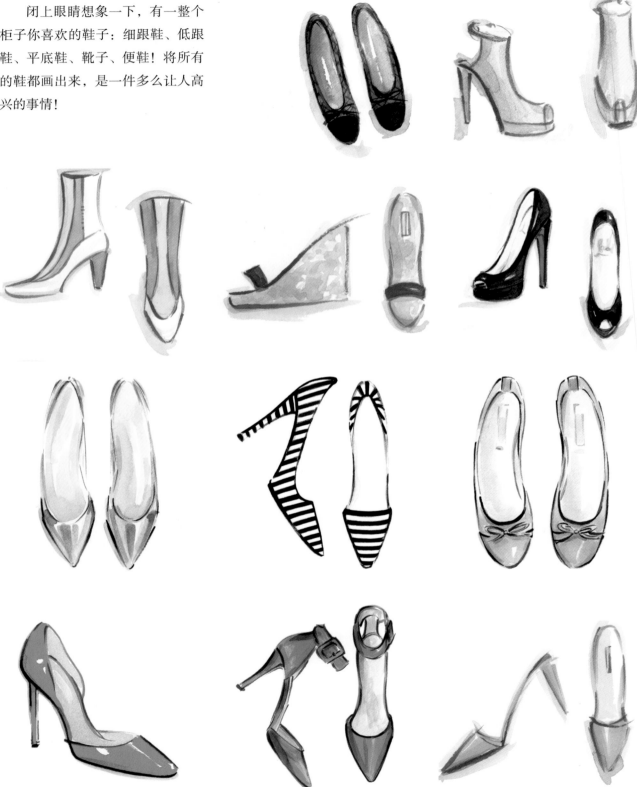

首饰

即便是每天用 24 个小时来画首饰，画整整一年，你也一定画不完所有的首饰。我给模特画的耳环、项链通常都是基本的形状和风格。我会将重点放在表现每一件饰品的整体感觉上，而不是专注于每一个小细节。

包

无论你喜欢叫它什么，手提袋、手包、小背包、皮夹子甚至是设计师的名字，一个包一定是一位时尚的姑娘最完美的装饰品。你要习惯于经常去看一些时尚杂志或者是博客，要不停地更新时尚的灵感！

橙绿彩色的饰品

糖果色的时尚

第八章

样图展示

清新的薄荷色背心裙

那么，接下来我们就到了最后的时刻了！一步一步、一个颜色接着一个颜色、一条线接着一条线，是时候将所有课程与建议里学到的东西与你自己的个性色彩结合起来了！

建议画那些让你眼前一亮的事物。为客户创作一幅时装画，往往并不是只有一个选择，你可以在头发、整体风格、色彩以及背景等方面做很多的变化，通过激发灵感的设计来完成一幅完美的作品。当你创作自己的作品时，一定要按照自己的喜好来。向客户展示你自己的创作时，他们能从中发现你的创作动机，以及你将自己所见表现在纸上的能力。最优秀的时装画作品往往都是最自然的流露，因此你在创作时不需要考虑得太多。美丽的作品就顺其自然地从笔尖流出，所有线条和色彩都是精妙绝伦的。一幅画作是否是设计师情感的自然流露很容易区别开来，当设计师带着热情与对所创作的事物的喜爱时，画作自然流畅、美丽。但当设计师为了创作而备受煎熬时，那么所有的线条、色彩一定都是十分拘束和不美观的。

当你有一个好的想法或者是主题时，一定要及时地将它记下来。也许所有的这些东西不可能马上发挥作用，但是在以后的某一天，当你需要一些灵感时，它就会发生作用。

预祝你有一个愉快的创作过程！

加州海滩女孩儿

1 底色

2 涂色

3 墨水勾画细节

盛放的花朵

1 底色

2 涂色

3 墨水勾画细节

绿色眼睛的美人

1 底色

2 第一层色彩

3 第二层色彩

4 墨水勾画细节

5 阴影与渲染

红唇闪耀

1 底色

2 第一层色彩

3 第二层色彩

4 墨水勾画细节

达芙妮

1 底色

2 涂色

3 墨水勾画细节

4 阴影与渲染

狂欢之夜

1 底色

2 涂色

3 墨水勾画细节

图片展示

蓝色摇曳

迷你短裙

舞动吧，蝙蝠袖

时尚动感

精致的洋红色礼服　　　　　　　　　　　热情的玫红色

迷人的鞋子

狂野的黑裙

索引

作者简介

　　詹妮弗·莉莉娅成长在美国康涅狄格州的费尔菲尔德。小时候的她就很喜欢画芭比娃娃，一直到现在仍然如此。受到芭比娃娃、时装画报以及流行文化的影响，她逐渐喜欢上了时装画创作，后移居到纽约，并进入了 FIT 主修时装画。运用丙烯颜料与墨水进行时装画的创作是她所擅长的技法。将时装画与灵活多变的手写字模相结合，赋予了她一定的优势。从 1993 年开始，詹妮弗成为了一位职业的时装画设计师。她所热衷的 T 台风格与传统画法吸引了大量的顾客，其中包括《世界时装之苑》、凯蒂佩里、巴尼斯纽约精品店、杜嘉班纳、诗蒂娜、《女装日报》、布卢明代尔百货、萨克斯第五通途百货、迪莉娅、爱德曼、内曼·马库斯、美国航空公司等很多企业的时装设计业务。

致谢

　　如果没有大家的关心与厚爱，没有生活中这么多有趣、热心的人的支持与帮助，我是没有办法完成这部作品的。

　　丹尼斯贺氏：在我看来，他是世界上最好的丈夫。感谢他在我每个忙碌的晚上的陪伴以及他在这一年里对家庭的付出，我爱你。

　　我的家庭：感谢我的爸爸和妈妈，是他们给了我去 FIT 求学的机会，也是他们在那些失眠的夜晚里给我鼓励和支持。还有那些温暖的毛巾、美味的食物、无数杯的茶水以及对我宠物的照顾。除此之外，还得感谢马特、温蒂、泰勒和马克思，谢谢你们在家中院子里的款待，还有那些难忘的摇滚烟火时光。

　　我的朋友们：感谢朋友们在 7 月 24 日给我发来的信息，帮我保持清醒，并且激励我完成这项任务。感谢你们在我空闲的时候陪我一起逛街，让我放松心情。感谢你们的音乐以及风趣的点评，感谢大家所有的爱，每天能够收到来自你们的爱与问候让我感到十分高兴。

　　克里斯汀·麦迪安：感谢你帮我从事我最不喜欢的工作，数字化扫描与修图。你耐心、仔细地安排我的时间以及最后交稿的日期，并且为我准备好那些可以打印的作品。在这样的过程中，你给了我许多的灵感，很高兴能认识你这样一位新朋友。

　　特维克：毫无疑问，你一定是这个世界上最可爱、最贴心的小狗。那些晚间的散步、拥抱都是我坚持下去的动力，也是这次马拉松式创作道路上从未缺少过的陪伴！

　　莎拉·莱卡斯：非常感谢你耐心和仔细的指导，作为一名最棒的编辑，你一直在很认真地帮我解决最后期限之外的拖延。

　　我的媒体朋友们：感谢那些素未谋面的人们，感谢你们一路以来的支持。你们的邮件、评论以及作品让我感到无尽的快乐，受到很多的启发。请大家能够继续支持我！

　　我爱你们，所有的人们，谢谢大家！

Fashion Illustration Art. Copyright © 2014 by Jennifer Lilya. Manufactured in USA. All rights reserved. No part of this book may be reproduced in any form or by any electronic or mechanical means including information storage and retrieval systems without permission in writing from the publisher, except by a reviewer who may quote brief passages in a review. Published by North Light Books, an imprint of F+W, A Content and eCommerce Company, 10151 Carver Road, Suite 200, Blue Ash, Ohio, 45242. (800) 289-0963. First Edition.

Other fine North Light Books are available from your favorite bookstore, art supply store or online supplier. Visit our website at fwcommunity.com.

18　17　16　15　14　　5　4　3　2　1

DISTRIBUTED IN CANADA BY FRASER DIRECT
100 Armstrong Avenue
Georgetown, ON, Canada　L7G 5S4
Tel:　(905) 877-4411

DISTRIBUTED IN THE U.K. AND EUROPE
BY F&W MEDIA INTERNATIONAL LTD
Brunel House, Forde Close, Newton Abbot, TQ12 4PU, UK
Tel: (+44) 1626 323200, Fax: (+44) 1626 323319
Email: enquiries@fwmedia.com

DISTRIBUTED IN AUSTRALIA BY CAPRICORN LINK
P.O. Box 704, S. Windsor NSW, 2756 Australia
Tel:　(02) 4560-1600; Fax: (02) 4577 5288
Email: books@capricornlink.com.au

ISBN 13: 978-1-4403-3543-3

Edited by Sarah Laichas
Designed by Elyse Schwanke
Production coordinated by Mark Griffin